你也能拯救地球

101个实际行动

[英] 雅基耶·瓦恩斯　[英] 克莱夫·吉福德　著
[英] 萨拉·霍恩　图　　张白桦　译

上海科技教育出版社

图书在版编目（CIP）数据

你也能拯救地球：101个实际行动 /（英）雅基耶·瓦恩斯，（英）克莱夫·吉福德著；（英）萨拉·霍恩图；张白桦译 .—上海：上海科技教育出版社，2021.11
书名原文：You Can Save The Planet: 101 Ways You Can Make a Difference
ISBN 978-7-5428-7195-4

Ⅰ.①你… Ⅱ.①雅… ②克… ③张… ④张…
Ⅲ.①环境保护—儿童读物 Ⅳ.① X-49

中国版本图书馆 CIP 数据核字（2021）第 063741 号

责任编辑　吴　昀
封面设计　李梦雪

你也能拯救地球——101个实际行动

［英］雅基耶·瓦恩斯（Jacquie Wines）　　　著
［英］克莱夫·吉福德（Clive Gifford）
［英］萨拉·霍恩（Sarah Horne）　图
张白桦　译

出版发行　上海科技教育出版社有限公司
　　　　　（上海市闵行区号景路159弄A座8F　邮政编码201101）
网　　址　www.sste.com　www.ewen.co
经　　销　各地新华书店
印　　刷　常熟华顺印刷有限公司
开　　本　890×1240　1/32
印　　张　4.5
版　　次　2021年11月第1版
印　　次　2021年11月第1次印刷
书　　号　ISBN 978-7-5428-7195-4/G·4254
图　　字　09-2020-454
定　　价　38.00元

目 录

救 命 啊

人类已经破坏或摧毁了地球上1/3的自然资源,包括野生动物、森林、河流和海洋。然而,人类的行为所造成的最严重的影响还是在气候变化方面。科学家们一致认为,地球正在变暖,而人类活动是导致气温上升速度加快而不是变慢的最关键因素。

长期以来,气候变化可能是地球正在面临的最严重的威胁,证据在我们周围比比皆是。北冰洋的海冰面积在2001—2018年间缩小了220万平方千米;全球的冰川都在融化;在有记录的22个最热年份中,有20个是1998年以后出现的;海平面在不断上升,增加了洪水暴发和人员伤亡的可能性。

你看,下面就是气候变化正在给全世界造成破坏的证据。

由于气温上升和持续干旱，树木枯萎，损坏树木的害虫疯狂生长。这导致加拿大和美国的落基山脉损失了181 300平方千米的针叶树。

2006年，格陵兰一块面积为287平方千米的冰原消失了，其面积比专家预测的要大3.5倍。

2006年，纽约度过了一个没有雪的圣诞节，这是近150年来的第一次。

2017年6月，葡萄牙的一系列野火夺去了大约66人的生命，至少204人受伤。

由废弃塑料及其他垃圾形成的加利福尼亚州和夏威夷之间的大太平洋垃圾带，占地160万平方千米，面积约为法国的3倍。

2019年非洲南部干旱，960万人面临饥饿的威胁。

2015年，巴西发生了80多年来最严重的干旱，农作物被摧毁，主要城市圣保罗的水供应量减少了83%。

自20世纪50年代以来，南极半岛的平均气温上升了3℃，导致大量冰川消失，动植物的栖息地遭到破坏。

2017年，一块面积约为6000平方千米的拉森C冰架脱离南极洲。

2018年，横扫欧洲大部分地区的热浪创下纪录，摧毁了大量农作物，仅在法国就导致1500多人死亡。

1990—2016年，全世界失去了130万平方千米的森林，面积比南非还要大。

2017—2019年，日本、中国和越南都创下了各自国家的最高气温纪录。

在喜马拉雅山脉的某些地区，400条冰川的面积据信在过去的50年里已经缩小了27%。

由于海平面上升，由35个岛屿组成的基里巴斯群岛中的两个岛屿已经消失在海平面以下，剩下的33个可能会紧随其后。

2018年，印度喀拉拉邦的降雨量比平时增加了75%，导致特大洪涝，100万人被迫逃离家园。

新西兰的冰川大多正在缩小。1977—2014年，该国南部阿尔卑斯山1/3的冰川均已消失。

2016年的热浪摧毁了构成澳大利亚东海岸壮观的大堡礁29%的珊瑚。

除带来干旱和飓风等极端天气外，不断升高的气温还导致覆盖在南北两极的巨大冰盖融化。格陵兰冰川的面积相当于欧洲，且融化的速度比科学家预计的还要快。如果它完全融化，全球海平面将上升6—7.2米，地球上大多数沿海城市可能会被淹没。

根据科学家的一项研究，气候变化缩短了北极熊的狩猎季节，使它们面临饥饿的威胁。

对地球的破坏是人类利用地球资源的方式造成的，换句话说，人类太贪婪、太污染环境、太浪费。我们购买大量不需要的东西，又把数十亿吨的垃圾掩埋在地层里。我们向大气中排放大量有危险性的气体，向海洋中倾倒污水和有毒化学物质。

一些科学家说，如果我们现在不采取行动减缓气候变化，10年后再想拯救地球将为时已晚。所以，行动与否取决于你。你需要对地球的未来负责。看看你和你家人的生活方式，尝试作出一些改变，以确保你的家庭更绿色环保，对环境更友好。

在这本书中，你会发现，做101件简单而有效的事情就可以减少对地球的伤害。这本书将帮助你作出正确的改变和正确的选择。

地球的未来……你的未来……尽在你的掌控中。

行动起来吧!

第 一 章

你住在绿色环保
的房子里吗

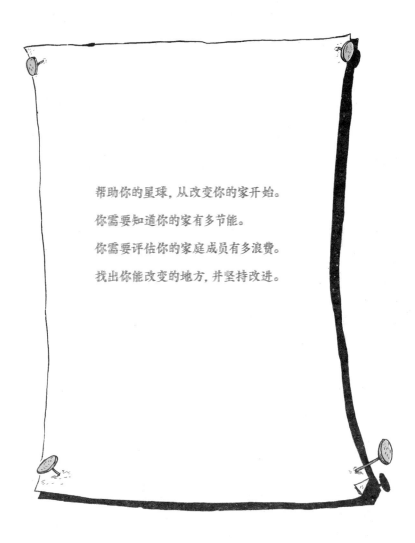

帮助你的星球，从改变你的家开始。

你需要知道你的家有多节能。

你需要评估你的家庭成员有多浪费。

找出你能改变的地方，并坚持改进。

第1条 评估你的过度行为

找出你家里每天发生了多少起浪费能源的行为。请注意以下事项：

能 源 日 记

- 我看了一下，我们家的阁楼有/没有隔热。

- 我要检查漏风情况，我拿着一根羽毛站在每一扇窗户前，观察它是否飘动，以此来测试漏风情况。_____的窗户上有风。

- 我绕着房子走了一圈，发现无人使用的房间里的_____灯一直亮着。

- 当我检查家里的电器时，发现_____的电器处于待机状态。

- 暖气或空调设置为_____，但不幸的是_____的窗户开着。

- 上次使用洗衣机和洗碗机时，我检查了一下，洗衣机充分利用了，但洗碗机没有。

- 屋里的_____水龙头在滴水。

第2条　把它关掉

你知道一台待机的彩电可能会消耗它实际开着时85%的能量吗? 一台录像机待机时的耗电量几乎和它播放磁带时的耗电量一样。

你家里每一件待机的电器都会浪费能源。你通常可以通过看电器设备上是否有小红灯在闪烁,来判断它是否处于待机状态。如果你使用遥控器来关闭许多电器,它们就会进入待机状态。你可能认为小小的红灯不会造成很大的危害,但事实上它却浪费了许多能源。

● 检查你家里的每一件电器,包括电视机、电脑、手机充电器、游戏机等。当不使用这些设备时,应该把墙上的插座关闭,或者干脆拔下插头。告诉你父母,做这么简单的事可以节省8%—15%的电费,既省钱,又拯救了地球。

第3条 选择合适的灯光

许多国家已逐步淘汰了老式的白炽灯,因为灯泡耗费了大量的电能,并将它转化成无用的热能,而且必须经常更换。

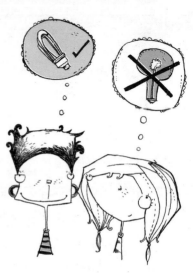

查看并把那些还潜伏在你家里或者车库里的白炽灯泡换成节能的紧凑型荧光灯或发光二极管(LED)灯。它们的寿命至少是白炽灯的10倍,而耗电量却只有白炽灯的10%—30%。安装低能耗的灯泡以便进一步节能。当你可以拉开窗帘时,就尽量不要开灯。

第4条 不要做抽油烟机的粉丝

下次当你看到有人在做饭,煤气灶上方的抽油烟机也长时间开着时,可以让他们尽可能在油烟不重的情况下不使用抽油烟机,还可以经常把厨房的窗户打开,告诉他们这是100%节能的解决方案。

第5条 洗衣日的决定

打开洗衣机仅仅是为了洗一条牛仔裤或者一件运动衫,这就会浪费水和电。你知道洗涤剂会污染水系统吗?

抄写下列家庭规则,让洗衣日变得更环保:

洗衣日规则

- 如果衣服不是很脏,就用冷水洗。这样可以节省电能,因为部分洗衣机消耗的电能90%用于加热水。
- 只在有足够多的衣服要洗的时候才启动洗衣机。
- 用手洗单件衣物。
- 使用环保洗衣粉。
- 少用洗衣粉,不使用织物柔顺剂。
- 尽量少用去污剂。
- 尽量保持衣服干净,这样就可以减少洗涤次数。

第6条　拿出橡胶手套

　　生态卫士的生活从来都不容易。有时候你需要权衡一件事情的利弊，以作出明智的选择。以洗碗机为例：有时关掉洗碗机对环保有意义，有时使用它们也有意义。

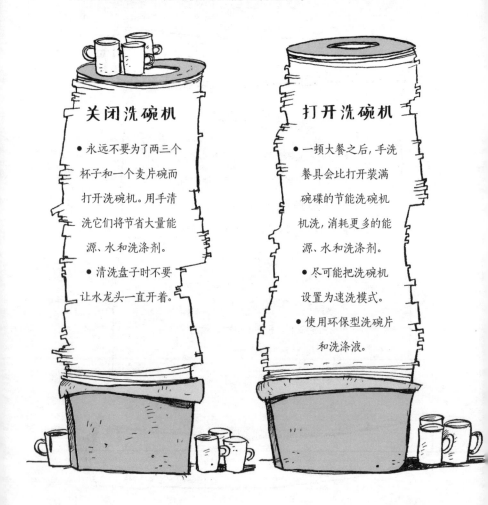

关闭洗碗机

- 永远不要为了两三个杯子和一个麦片碗而打开洗碗机。用手清洗它们将节省大量能源、水和洗涤剂。
- 清洗盘子时不要让水龙头一直开着。

打开洗碗机

- 一顿大餐之后，手洗餐具会比打开装满碗碟的节能洗碗机机洗，消耗更多的能源、水和洗涤剂。
- 尽可能把洗碗机设置为速洗模式。
- 使用环保型洗碗片和洗涤液。

第7条　检查温控器

冬天降低中央空调的温度，夏天将空调温度提高1—2℃，这样可以使你家每年最多减少1吨的温室气体排放。所以，检查一下温控器，看看空调是否真的需要开得那么冷，暖气是否真的需要开得那么热。

请在下一页了解温室气体及其对地球的影响。

如果你家的暖气或空调的温控器靠近窗户，请确保窗户是关闭的，否则温控器会对室内温度产生错误的判断。

另一个真正简单但有效的方法是，擦拭或用吸尘器清洁家里所有散热器的表面，通过改善热的流动来提高它们的效率。

温 室 气 体

温室气体是科学家认为正在影响我们地球气候的
一些气体。主要的温室
气体有水蒸气、二氧化
碳、甲烷和臭氧。许多
温室气体是自然存在
于大气中的，但是人类
活动会增加温室气休的
数量，如燃烧煤炭或石油等化石燃料。燃烧
的森林每年会向大气中释放数百万吨温
室气体。

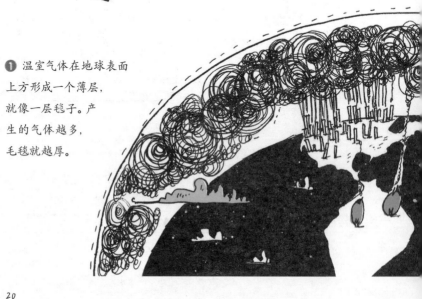

❶ 温室气体在地球表面
上方形成一个薄层，
就像一层毯子。产
生的气体越多，
毛毯就越厚。

温 室 效 应

　　由于温室气体的累积而导致地球温度上升,被称为温室效应,如下图所示。温室气体在地球表面上方的大气中形成一个薄层,就像毯子一样,把来自太阳的热量锁住。如果没有这些气体,太阳的能量就会逃逸回太空;相反,地球的温度就会上升。积聚的气体越多,温室效应就越显著。

❷ 太阳的热量到达地球,有些被反射回太空,有些则被温室气体吸收。

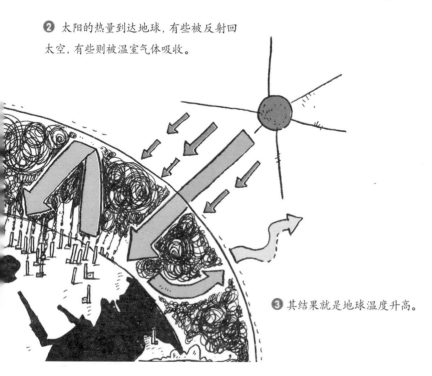

❸ 其结果就是地球温度升高。

第8条　晾干衣服很酷

　　像滚筒式烘干机这样散发热量的家用电器会很耗电，所以每当天气晴好的时候，可以说服你的家人把洗好的衣服挂在外面的晾衣绳上或者室内的晾衣架上晾干。关闭滚筒烘干机是一个100%的节能解决方案。

第9条　上　发　条

　　为什么不寻找一些可以上发条的家用小物件呢？它们是最好的环保礼物。

你会发现装有发条的手电筒、收音机和手机充电器等都不需要电源或电池，你所要做的就是上发条、上发条、上发条……

第10条　我们爱添加衣服

你有没有注意到, 家里有人在暖气开得最足的时候打开窗户? 如果你发现这种浪费能源的行为, 请立即采取行动。

或者, 你有没有发现有人穿着T恤衫, 却把暖气温度调高? 请告诉有这种行为的人, 如果他们觉得冷, 多穿几件衣服会更环保。

第11条　升温还是降温

这个项目最好还是停留在理论上, 而不是付诸实践, 因为它涉及粉刷你的房子, 而你的父母估计是不会赞成的。你房子的颜色, 尤其是屋顶的颜色会影响你房子的温度, 因为浅色会反射阳光, 而深色会吸收阳光。

如果你的父母要求你证明这一科学原理有效，那么请做以下实验。在一个炎热晴朗的日子里，拿两个硬纸盒、一些白色油漆、一些深色油漆和两支温度计。把一个盒子刷成深色，另一个盒子刷成白色。在每个盒子里放一支温度计，并把盒子放在阳光下。放置一段时间后，再读取温度计，你会发现，深色盒内的温度应该会高于白盒内的温度。

第12条　除臭方案

如果你的卧室里有时有点臭，不要试图四处喷洒空气清新剂。生产这些产品需要大量能源，而且有些气溶胶含有对环境有害的物质。为什么不打开窗户，让整个世界与你的卧室一起畅快呼吸呢？

第13条　别浪费水

没有水，地球上就没有生命。每一种动植物都需要水。尽管地球表面的70%被水所覆盖，但其中只有2.5%是淡水，且我们只能喝其中的一小部分。因为地球上的大部分淡水对我们来说都不容易获得，它们或者被冻结在冰川和冰盖里，或者埋在地下。所以，我们要节约水龙头里的每一滴水。

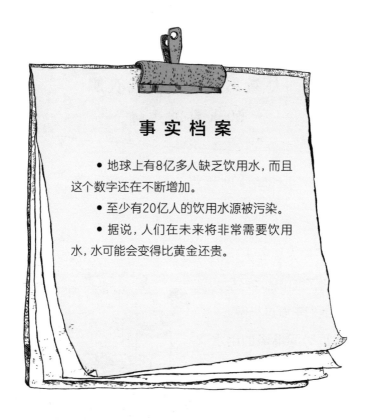

事 实 档 案

● 地球上有8亿多人缺乏饮用水，而且这个数字还在不断增加。

● 至少有20亿人的饮用水源被污染。

● 据说，人们在未来将非常需要饮用水，水可能会变得比黄金还贵。

● 千万不要让水龙头开着，水龙头在1分钟内可以流出多达7.5升的水。在你刷牙的时候，如果关掉水龙头就可以省下十几升水。

● 叮嘱你的父母修理滴水的水龙头。

● 小便后尽量不要用水箱里的水冲马桶。我们每天完全可以把使用过的水冲到马桶里，可以把这个写下来挂在厕所边：

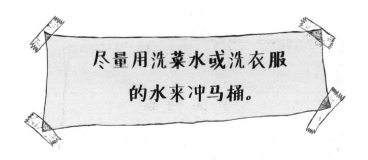

尽量用洗菜水或洗衣服的水来冲马桶。

如果你发现有人往马桶里只扔了纸巾就冲马桶，那就让他们不要这样做。

● 短时间淋浴的用水量约为用浴缸泡澡的1/3。

第14条 不要毒害地球

由于石油泄漏、污水、工业废物和化肥的污染,地球上不经处理就可以安全饮用的水越来越少。别让你的家庭增加水污染。阻止任何人把废油、油漆或清洁剂等,倒入下水道、水槽或厕所。只需3.7升的废油,就能破坏3.7万升的饮用水。

第15条 自己动手做清洗剂

有时,把房子打扫得越干净,会使地球变得越脏。抛光剂、消毒剂、窗户清洁用品和厨房浴室清洁剂都会污染环境。光是把这些产品用完的空瓶扔掉,都会增加垃圾填埋场的垃圾量。

为什么不用醋和小苏打来清洗浴缸、水槽和厨房台面呢?把海绵蘸上醋擦拭,再用小苏打擦,最后用清水冲干净。试着把等量的水和醋混合,就可用来清洁窗户了。

第 二 章
户外的大片绿色

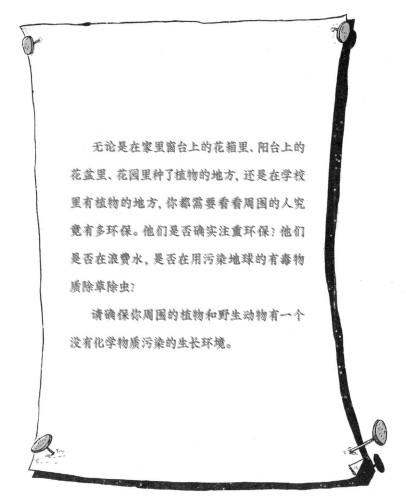

　　无论是在家里窗台上的花箱里、阳台上的花盆里、花园里种了植物的地方，还是在学校里有植物的地方，你都需要看看周围的人究竟有多环保。他们是否确实注重环保？他们是否在浪费水，是否在用污染地球的有毒物质除草除虫？

　　请确保你周围的植物和野生动物有一个没有化学物质污染的生长环境。

第16条 浇灌植物

你知道我们地球上水的总量一直都这么多吗？换句话说，比起恐龙时代，我们现在拥有的水并没有更多。水只是被大自然一次又一次地循环利用。因为我们没法获得新的水源，所以需要节约现有的水源。

的确有一些人在浪费水。请确保你的家人不会有类似的行为。

● 阻止你看到的用水管给植物浇水的人。软管会耗费大量的水，用一个洒水壶浇水会节省许多。

● 放一些容器来接雨水，用它们来浇灌你的植物。如果你有一个花园，也许你还可以说服父母买一只大水桶来接雨水。

●如果你所在的地区有喜干的植物，请为你的窗台花箱、花盆和花园挑选一些这样的植物。比如薰衣草和鼠尾草，都是不错的选择喔！

生 态 灾 难

　　这里有一个故事，说明各国政府在制定水资源战略时必须非常谨慎。

　　中亚的咸海曾经是世界第四大湖。从20世纪60年代开始，各国政府决定大量种植棉花，于是把河流改道以灌溉庄稼。结果导致湖水水位骤降，盐度大大升高，许多鱼类无法在那里繁衍生息。风把湖里的盐吹到周围的土地上，使之不太适合种庄稼。现在，这片水域的面积还不到以前的1/10，分成了南北两个独立的湖。

　　在过去几年里，改善北咸海的计划使其水质有所改善，鱼类数量也有所恢复，但南咸海仍面临着未来完全干涸的威胁。

第17条 种 树

地球上曾经有过比今天多得多的树木，但是为了给乡镇和城市腾出空间，并增加生产粮食的田地，人类不断砍伐树木。如今，森林正在迅速消失。砍伐森林、焚烧树木是大气中温室气体产生的主要原因之一。以下是一些令人震惊的事实。

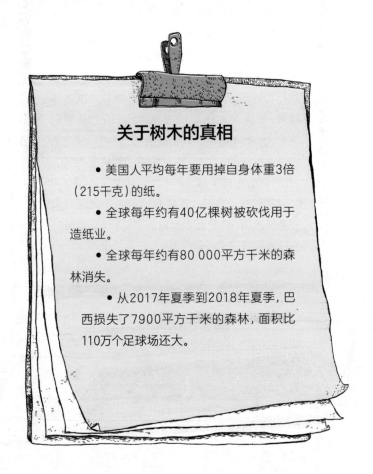

关于树木的真相

- 美国人平均每年要用掉自身体重3倍（215千克）的纸。
- 全球每年约有40亿棵树被砍伐用于造纸业。
- 全球每年约有80 000平方千米的森林消失。
- 从2017年夏季到2018年夏季，巴西损失了7900平方千米的森林，面积比110万个足球场还大。

　　那么，所有这些树木正在消失真的是一个很严重的问题吗？是的，很严重的问题！树木对地球至关重要的主要原因，是它们帮助我们呼吸。它们通过吸收一氧化碳、二氧化硫和二氧化氮等有害气体来净化空气。一棵树每年最多可以过滤27千克的空气污染物。

　　此外，树木释放出我们呼吸所需要的大量氧气。一棵成年树可以提供足够一个四口之家呼吸一整年的氧气。

树木是地球上最长寿的生物之一，许多树可以生长数百年。有些松树和红杉的树龄已达1000多年。

没错，但是随着污染以现在的速度增加，城市里的树木往往存活不过10年。

拜托你

　　●去植树吧。看看你所在的区域有哪些树木，再选择合适的树种，因为有些树木可能比其他树木长得好。

　　●申请在学校、公园或者花园里种一棵树。为何不从在花盆里种苹果或番茄开始呢？

　　●不要忘记回收纸张（请参阅第55条）。

第18条　为什么说杀虫剂对环境有害

我们认为有些昆虫很讨厌，因为它们携带病菌或破坏粮食作物，所以我们用被称为杀虫剂的化学品杀死它们。

在20世纪40年代，科学家认为使用杀虫剂可以提高全世界的收成，从而使数百万人免除饥馑。在某种程度上，这是事实。然而，大多数杀虫剂除了能杀死害虫，还会经风传播，或者渗入水源，从而破坏环境的自然平衡。

一些发人深省的事实

● 喷洒的杀虫剂只有约2%落在了原本要喷洒的农作物上。

● 不管怎样，一些害虫已对杀虫剂产生了抗药性。这些生物被称为"超级害虫"。

● 杀虫剂进入了食物链。例如，水獭会因为食用被河里的化学物质污染的鱼而受到影响。

● 杀虫剂很容易被人体皮肤吸收。如果你接触它们，它们很可能会进入你的身体。

● 研究更环保的方法来对付害虫。例如，蚜虫可以用水喷洒；杂草可以用手拔除，而不是用化学药品来清除；给打扰你的植物的鼻涕虫来杯啤酒怎么样？它们往往会喝得酩酊大醉，然后逃得远远的。或者用压碎的蛋壳把植物围住，这样鼻涕虫就无法靠近它们了。

● 不要使用昆虫喷雾剂。在窗户和门上安装纱窗或纱门，把苍蝇、飞蛾和臭虫拒之门外。

● 与其用毒药杀死老鼠，不如堵住老鼠洞或使用捕鼠器。

● 根据美国环境保护署的数据，大约有50 000种已注册的杀虫剂。其中很多是你家中正在使用的樟脑丸、猫和狗的跳蚤项圈、昆虫喷雾剂和植物护理产品。如果你必须使用这些产品，尽量少用，并小心处理，以免污染土壤。

第19条 自己种

自己种植食物真的
很有趣，还能确保你的
餐盘里没有杀虫剂。

种一些美味的樱桃
番茄怎么样？你不需要
在花园里种植，只要在
阳光明媚的窗台上放几
只花盆就可以了。

一年中种植番茄的
最佳时间是4月底，那时冬天已经过去了。

❶ 从你午餐吃的樱桃番茄中挖出一些种子，用水冲洗后
晾干。

❷ 在空酸奶罐里装一些堆肥土。将一颗番茄种子推到酸
奶罐的中心，刚好在表层堆肥土的下面，覆盖住种子，轻轻地给
堆肥土浇水。

❸ 给你的酸奶罐贴上明显的标签（这样就不会有人误把
它们扔掉了），然后将它们放在阳光充足的窗台上。每天查看它
们，需要的时候就浇水，这样每当你触摸堆肥时，始终会感觉它
们很湿润。但是，请注意不要浇太多水。大约一周后，你应该就
会看到细小的新芽出现了。

❹ 大约四个星期后，嫩芽会长成一株小小的植物。轻轻地将它们从酸奶罐中取出，带出的根越多越好。尽可能小心，不要损伤根。将其转移到大花盆中，并轻轻地固定到位。

❺ 经常查看并给番茄浇水（这段时间，你可能需要每天浇两次水）。几个星期以后，你应该会看到开出一些花朵。这些花朵最终会脱落，留下绿色的小番茄。

❻ 当你的番茄变成鲜红色，并且稍微有点软软的时候，说明它们已经成熟，可以摘下来吃了。

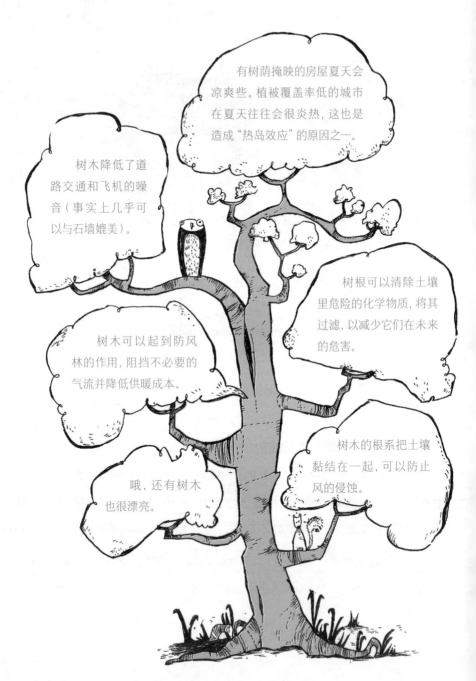

有树荫掩映的房屋夏天会凉爽些。植被覆盖率低的城市在夏天往往会很炎热，这也是造成"热岛效应"的原因之一。

树木降低了道路交通和飞机的噪音（事实上几乎可以与石墙媲美）。

树根可以清除土壤里危险的化学物质，将其过滤，以减少它们在未来的危害。

树木可以起到防风林的作用，阻挡不必要的气流并降低供暖成本。

树木的根系把土壤黏结在一起，可以防止风的侵蚀。

哦，还有树木也很漂亮。

第20条 做一个小心谨慎的种植者

选植物不要只图外表好看，还有更重要的因素要考虑。

● 选择可以为当地的野生动物提供食物和庇护所的植物。

● 拒绝那些会威胁附近其他植物生长的植物。

● 有些外来植物能迅速传播并造成破坏。例如，它们可能会阻挡其他植物的生长或阻塞水道。所以要拒绝那些可能会"越过围栏"的外来植物。

● 从国外进口的植物可能会带来"搭便车"的花园害虫，破坏本地植物，且事实证明很难清除。

第21条 挖一个池塘

池塘曾经是每个村庄和农场的特色，但随着我们生活方式的改变，池塘的数量减少了。这使许多池塘居民没有了可以称之为"家"的栖身之所。如今，许多两栖动物，如青蛙、蟾蜍和蝾螈的数量正在减少。

如果条件允许的话，为什么不说服你的父母或学校，让他们建一个池塘呢？

❶ 选择一个平坦、阳光充足且远离悬垂树木的地方。用藤条和绳子画出池塘的形状。

❷ 池塘边缘挖得浅浅的，这样植物就可以在那里生长，动物也可以在那里出没。你的池塘最深的部分应该约75厘米，这样如果冬天水面结冰的话，池塘里的动物就可以存活。

❸ 先铺一层报纸、纸板或旧地毯作为池塘的衬底，上面盖上一层塑料布。然后铺上更多的报纸，之后再加土。

❹ 慢慢地给池塘注水，避免泥浆泛起。

❺ 避免将金鱼引入池塘，因为它们会吃掉其他池塘居民，可选择一些刺鱼来代替。

❻ 向园艺中心咨询哪些植物可以添加到你的池塘来。它们会给池水充氧，并为池塘游客提供舒适的环境。

❼ 看看青蛙、蜗牛和鸟类享受新家吧。

第22条 另一个亟待解决的问题

每个生态卫士都需要知道自己所处环境的实际生态情况。如果你坚持要改变你的家庭习惯，就需要有能力为自己辩解，从而证明你的要求是正确的。

不幸的是，有些生态论点并不明确。对于某一特定行动，可能会有支持和反对的理由。以篝火为例，下面是一些支持和反对焚烧家庭及园艺产品垃圾的理由。

反对理由

- 燃烧垃圾会释放出污染空气的化学物质和气体。
- 灰烬可能含有危险的金属，例如镉和汞。
- 焚烧花园垃圾会把有害物质释放到空气里，特别是在天气潮湿的时候。

支持理由

- 减少垃圾填埋场的垃圾量。
- 垃圾不用运到垃圾场。
- 剩余的灰烬可以给植物施肥。

以下是一些替代垃圾燃烧的方法:

● 为什么不避免这些棘手的争论, 尽可能多地回收你的家庭和花园产生的垃圾? 在第三章你可以找到许多可以回收的家庭物品。

● 与其焚烧厨房和花园垃圾, 不如说服你的家人堆肥。

● 切勿焚烧某些物品, 例如冰箱、旧床垫、汽车电池和油漆罐, 因为它们会释放出有毒气体。一定要坚持把这类物品送到当地的垃圾回收中心。

● 切勿焚烧旧轮胎——尝试用它们做一个秋千或者障碍物。还可以将它们用作植物容器。

● 切勿让家中的任何人粗心地使用火柴或点火后无人看管。每年都会有数千平方千米的森林因为火灾, 在无意中遭到毁坏。

第23条 你的割草机有多环保

令人震惊的是, 一台汽油割草机运行一年产生的污染相当于40辆汽车行驶一年产生的污染。

园艺割草机的另一大问题是燃油意外溢出。你知道吗? 如果人们在给割草机加油时燃油溢出的话, 所有溢出的燃油流入一个水池里所造成的破坏, 与油轮灾难中的浮油一样严重。

因此, 如果你有一块可爱的草坪到了该修剪的时候, 确保你的家人购买一台电动割草机, 或者最好是机械割草机——继续为你的星球努力吧!

第24条 使用树篱

自1947年以来，仅在英国就有30多万千米的树篱消失，这个长度足以绕地球8圈。树篱通常是被想在面积更大的土地上使用现代机械的农民砍掉的。

可悲的是，树篱的消失对栖身在其中的动物来说或许是一个再坏不过的消息。它们不但无家可归，而且饥饿难耐。一些动物如狐狸和獾，把树篱作为从一片树林走到另一片树林的"通道"，它们不喜欢穿越空旷的田野。

对农民来说，坏消息是没有树篱保护的田野可能会被风侵蚀，风会吹走宝贵的表土。

如果你住在树篱附近，就需要为它负责。

● 如果你看到树篱中有垃圾，并且可以安全地将其清除，那就去做吧。你可知道，像刺猬这样的小动物如果把鼻子伸进空饮料罐的开口处，就会被卡住，无法把鼻子拉出来吗？哎哟，好疼呀！

● 如果你家有树篱或长着浆果的树，不要让任何人过度修剪。鸟类可能要靠吃那些浆果活命！

● 不要让任何人清理树篱底部的落叶和长草，因为它们给动物提供了庇护所。

● 禁止你的家人使用有害的除草剂，因为它们可能会进入你家的树篱，毒害野生动物。

● 鼓励人们在花园里种树篱。（如果你在花园里种了一排树篱，小心不要越过与邻居的分界线——让你父母检查一下。）

第25条　保护本地鸟类

随着城市的发展，人们造起场馆和公园，草地消失在露台、路面和地板下。许多鸟类已经无家可归、饥肠辘辘。

下面有一些可以帮助你身边的鸟类生存的方法。

● 为你的鸟类朋友提供一些它们可以用来洗澡的东西——鸟类需要保持羽毛清洁来保暖。拿出一个旧烤盘或一只大陶碗，倒入干净的水。

● 在一个大的空塑料牛奶容器或汤盒上面，切割出蛋杯大小的孔，为鸟盖个窝，在容器里放一些碎纸或稻草当作"床上用品"。

● 如果你有一个花园，告诉你的家人，在把草坪挖开，用碎石、平台或木板取而代之前要三思而后行，因为所有住在草坪上的昆虫都会被杀死，花园里的鸟儿会挨饿。

● 不要对植物和昆虫使用杀虫剂，鸟类可能会误食。

第26条　鸟儿爱剩饭剩菜

你知道吗？每年会有许多新鲜水果和蔬菜被扔掉。除了种子和坚果，鸟类也很乐意吃到有人提供的大部分剩菜。所以，不要让你家里的任何人不经检查就扔掉下列剩余食物。

● 蛋糕 ● 饼干 ● 面包 ● 奶酪碎 ● 意大利面

● 米饭 ● 糕点 ● 培根皮 ● 不新鲜的水果 ● 土豆

● 无盐坚果 ● 肥肉 ● 骨头

（不要给鸟吃咸坚果或椰子干）

在阳台上或花园中放置一张喂食台，确保把它放在饥饿的猫够不到的地方。

当地鸟类很快就会发现你的喂食台是可靠的食物来源，所以不要忘记整个冬天都给它们喂食。

第27条　做一次堆肥

许多厨房和花园垃圾都是有机物，换句话说，它们曾经是有生命的东西。如果你把它们堆放在户外，短短几天之内就会有细菌、藻类和真菌拜访，这将使它们腐烂。蠕虫、甲虫和蛆把所有腐烂物变成了一顿美味佳肴，留下了许多我们称之为堆肥的小碎片。很恶心，但却是花园里上好的肥料。

● 建造或购买一个堆肥器，并将其放入花园。堆肥需要温暖和潮湿的环境，所以一个阳光充足、有遮蔽的地方是理想的选择。

● 堆肥喜欢从你花园里剪下来的所有植物。它喜欢水果和蔬菜的皮，最好不要加肉、奶酪或鱼，否则你可能会鼓励老鼠进入你的花园。

● 准备一个容器，把下一页所列物品倒进去，以便堆肥。检查一下有没有人把这些东西扔进垃圾桶。

● 等堆肥收集器装满后，将其搬到花园里，并倒入堆肥器。我们放入垃圾箱的家庭垃圾中有2/3都可以做堆肥。复印出相反的清单，贴在你家的冰箱上，提醒家人堆肥器里放的是些什么。

给 我 装

- 草屑 • 毛屑 • 干草 • 稻草

- 树篱修剪物 • 茶包

- 蔬菜皮 • 剩菜

- 剩余的水果 • 咖啡渣

- 剪碎的报纸 • 纸板

第28条 什么时候观察蠕虫

为什么不在堆肥里加点蠕虫呢？蠕虫喜欢吃茶包、咖啡渣和潮湿的纸板。它们甚至喜欢被撕成条状的美味报纸。看着蠕虫把你的家庭垃圾变成神奇的堆肥吧，这将有助于你的花园里植物的生长。

第 三 章
绿 色 购 物

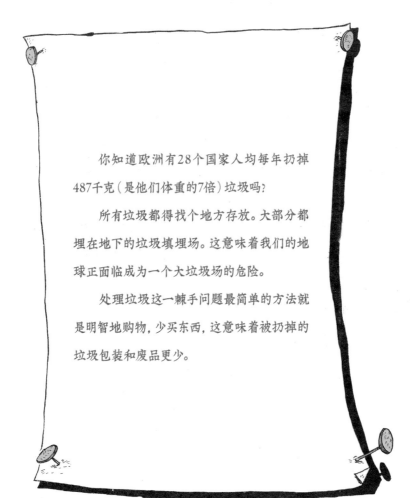

你知道欧洲有28个国家人均每年扔掉487千克（是他们体重的7倍）垃圾吗?

所有垃圾都得找个地方存放。大部分都埋在地下的垃圾填埋场。这意味着我们的地球正面临成为一个大垃圾场的危险。

处理垃圾这一棘手问题最简单的方法就是明智地购物,少买东西,这意味着被扔掉的垃圾包装和废品更少。

第29条 购物清单

关注你家每周的购物清单至关重要,确保清单里只包含那些耐用的东西,而不是很快就会扔掉的东西。

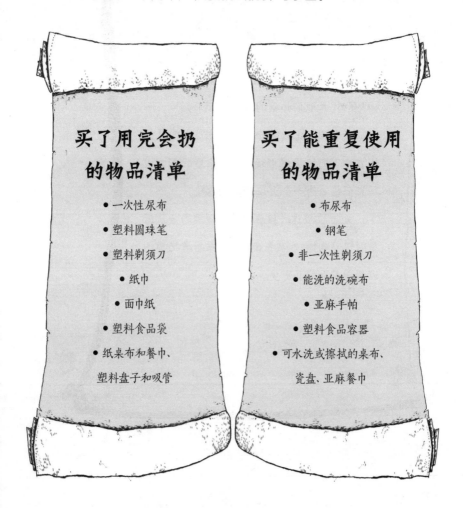

买了用完会扔的物品清单

- 一次性尿布
- 塑料圆珠笔
- 塑料剃须刀
- 纸巾
- 面巾纸
- 塑料食品袋
- 纸桌布和餐巾、塑料盘子和吸管

买了能重复使用的物品清单

- 布尿布
- 钢笔
- 非一次性剃须刀
- 能洗的洗碗布
- 亚麻手帕
- 塑料食品容器
- 可水洗或擦拭的桌布、瓷盘、亚麻餐巾

第30条 只需说不

不要让你家里的任何人因为受到炫酷广告或精美包装的诱惑而去购物。告诉他们,不少商家会想尽一切办法让你购买你不需要的东西。例如,某一物品你只需要一个或者根本不需要,那买一送一的优惠就不便宜!

防止家庭成员落入圈套的最佳方法,就是确保每个去购物的人都带一份购物清单。这份清单只包括你家确实需要的物品。

美国俄亥俄州的伦普克山垃圾填埋场海拔320米,每年要接收约200万吨垃圾。

第31条 避免"食物里程"

当你跳上汽车前往商店时，你消耗的不只是汽油。货物长途跋涉运到商店也需要船只、飞机等来运输。这些运输工具排放的气体反过来又污染了我们的海洋和天空。这就是我们谈论"食物里程"的原因。在理想情况下，我们也不希望我们的盘子里有太多这样的"里程"。

食 物 里 程

"食物里程"衡量的是食物从产地到我们的餐盘之间的距离。两者之间的距离越远，运输所需的能量就越多。

● 在你购买食品和衣服之前，务必检查一下标签上的原产国。你需要购买一件漂洋过海才能收到的睡衣吗？查看一下地图……距离太远啦！

● 尽量购买本地种植的食物。如果可以买到本地种植的苹果，为什么非要买远方的苹果呢？当然，偶尔买些尝尝也不是不行，经常买就要引起注意了。查看一下地图……"食物里程"太多了。

● 吃你所在国的当季食品。尽可能不要在冬天购买需要环绕半个地球空运而来的草莓。查看一下地图……"食物里程"太多了。

● 加入本地的有机果蔬盒计划。查看一下地图……一辆卡车将当地的农产品运到几个顾客的家门口所消耗的汽油，少于那些分别开车去超市的顾客。

● 自己种食物。很有趣，而且绿色环保。查看一下地图……从你的菜地到你的盘子……"食物里程"只有几步。

● 不要购买不需要的食物。查看一下地图……你不买的东西的"食物里程"为……零。

然而，绿色环保问题绝不是一件简简单单的事。例如，有些人觉得，如果人们试图避免"食物里程"而不去购买农产品，那某些国家的农民将会遭殃。因此，如何权衡利弊至关重要。

第32条　拒绝瓶装水

不要自认为瓶装水比自来水更适合你。原因如下:

事　实

● 在某些方面,瓶装水的杂质检测标准不如自来水的那么高。

● 塑料水瓶可能需要数百年的时间才会腐烂,且给垃圾场和垃圾填埋场制造了更多的垃圾。

● 许多牙医认为自来水对你更有益,因为它通常含有氟化物,有助于加固牙齿。

第33条　一定要看标签

一些看起来无害的家用产品往往含有有害化学物质,所以,一定要仔细阅读产品的标签。留心那些承诺对环境更友好的产品。

另外一件需要注意的事是,寻查产品的包装是由再生纸或塑料制成的证明。

第34条 理性购物

下次有家人去超市时，让他们阅读并认可下面的购物合同。

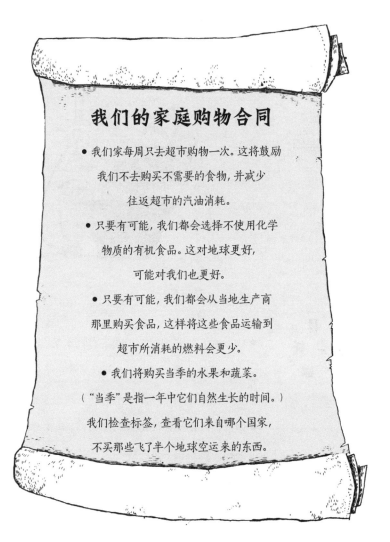

我们的家庭购物合同

- 我们家每周只去超市购物一次。这将鼓励
  我们不去购买不需要的食物，并减少
  往返超市的汽油消耗。

- 只要有可能，我们都会选择不使用化学
  物质的有机食品。这对地球更好，
  可能对我们也更好。

- 只要有可能，我们都会从当地生产商
  那里购买食品，这样将这些食品运输到
  超市所消耗的燃料会更少。

- 我们将购买当季的水果和蔬菜。

（"当季"是指一年中它们自然生长的时间。）

我们检查标签，查看它们来自哪个国家，

不买那些飞了半个地球空运来的东西。

第35条　多吃水果，少喝果汁

工厂生产的果汁含有很多糖，但更糟糕的是，生产果汁需要大量包装和大量的水。

通过吃真正的水果，你可以保护牙齿、节约水和能源、节省"食物里程"，并避免更多的垃圾最终进入垃圾填埋场。

●从当地农场或农贸市场购买有机水果。这样既可以减少农药对地球的污染，也可以减少用于运输的汽油。

●如果你只喜欢果汁形式的水果，那就把你从来没用过的榨汁机翻出来自己制作。

●不要忘记将所有果皮，以及太熟或太老而不能食用的水果做成堆肥（请参阅第27条）。

58

第36条 大量购买

这本书会建议你只购买你所需要的东西,不要买超出你需要范围的商品。而且,当你购买必需品时,最好买你可以找到的最大包装的,这叫作"大量购买"。"大量购买"意味着开汽车前往商店的次数会减少,意味着使用更少的汽油,造成更少的污染,还意味着更少的包装。此外,还有的好处是大量购买通常会更便宜。

买小包装的食物更好,可以减少浪费。

可"大量购买"减少了包装,而不是相反。例如,制作一个大麦片盒用的硬纸板要比做两只小麦片盒所用的少。你要是愿意的话,可以将盒子压扁后测量一下。

但是,请避免购买内含许多单独包装的大袋糖果或薯片,因为这些都有额外的包装。这同样也适用于瓶装水或其他用塑料包装绑在一起的商品。

第37条 拒绝快餐

我们现在都知道快餐对人体不好，但是你知道它对地球同样也不好吗？

快餐店通常会单独包装食物。只要想想你买汉堡时得到的所有包装就会明白——汉堡放在盒子里、薯条放在袋子里、饮料放在聚苯乙烯杯子里。此外，还有各种调味料包、塑料餐具和吸管。

要知道，塑料包装材料几百年都不会分解（请参阅第49条），这使得我们的垃圾填埋场变得混乱不堪。因此，尽可能不要选择快餐，妈妈的爱心餐既卫生又健康，无疑是你的首选。

拜托你

●尽量在可重复使用盘子和餐具的咖啡馆与餐馆用餐。如果你无法抗拒快餐，那就要求尽量不要包装或袋装食物，并把任何包装都放进回收箱。至少对免费的塑料玩具说不，因为你很可能最终会把它扔掉。

第38条　成为潮流引领者，而不是时尚受害者

在你挑选一条新牛仔裤之前，先看看以下内容：

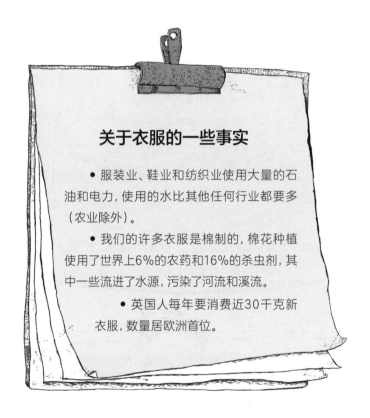

关于衣服的一些事实

• 服装业、鞋业和纺织业使用大量的石油和电力，使用的水比其他任何行业都要多（农业除外）。

• 我们的许多衣服是棉制的，棉花种植使用了世界上6%的农药和16%的杀虫剂，其中一些流进了水源，污染了河流和溪流。

• 英国人每年要消费近30千克新衣服，数量居欧洲首位。

• 将下一页所示的着装合同复印出来，贴在你的衣柜门上。

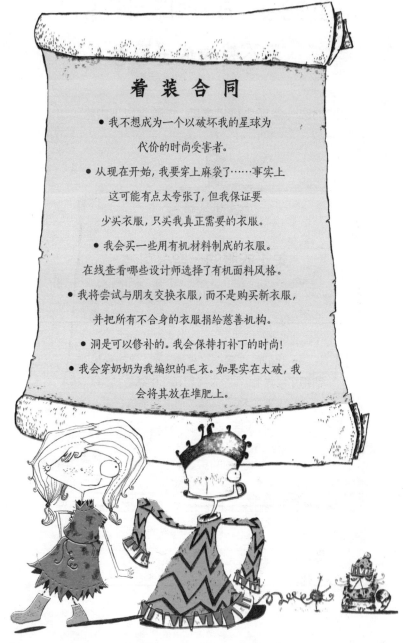

着 装 合 同

- 我不想成为一个以破坏我的星球为

  代价的时尚受害者。

- 从现在开始,我要穿上麻袋了……事实上

  这可能有点太夸张了,但我保证要

  少买衣服,只买我真正需要的衣服。

- 我会买一些用有机材料制成的衣服。

  在线查看哪些设计师选择了有机面料风格。

- 我将尝试与朋友交换衣服,而不是购买新衣服,

  并把所有不合身的衣服捐给慈善机构。

- 洞是可以修补的。我会保持打补丁的时尚!

- 我会穿奶奶为我编织的毛衣。如果实在太破,我

  会将其放在堆肥上。

第39条　干洗禁令

事实上,干洗店清除衣服上的污渍使用的是化学品。不幸的是,这些化学品(称为挥发性有机化合物)会在我们的星球上留下难以清除的污渍。实际上,它们把我们的天空变成了褐色。看看下面这些事实吧:

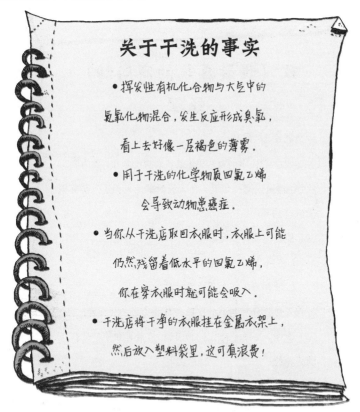

关于干洗的事实

- 挥发性有机化合物与大气中的氮氧化物混合,发生反应形成臭氧,看上去好像一层褐色的薄雾。
- 用于干洗的化学物质四氯乙烯会导致动物患癌症。
- 当你从干洗店取回衣服时,衣服上可能仍然残留着低水平的四氯乙烯,你在穿衣服时就可能会吸入。
- 干洗店将干净的衣服挂在金属衣架上,然后放入塑料袋里,这可真浪费!

因此,如果你家有人想购买一件只能干洗的衣服,一定要让他们知道这对地球的影响。

第40条　他们是一支环保团队吗

一些服装设计师和零售商正试图通过使用对环境更友好的有机材料和染料，来帮助我们的地球。为什么不给你最喜欢的商店写一封这样的信，看看它们有多环保呢？

致（我最喜欢的商店的）经理

尊敬的先生/女士：

我今年从你们商店买了很多很棒的衣服，因为我喜欢你们卖的东西。但是，我听说时装业也做了一些有损于地球的事。

能告诉我你们是否：

1. 有用有机棉制成的衣服？

2. 使用可循环利用的原材料？

3. 使用任何对我的皮肤或环境有害的化学品？

谢谢。我将等待你们的回音，然后再到你们的商店购买其他产品。

你忠诚的_____

第41条 不要伤害硬木树

　　下次你的家人想购买一件新家具的时候，你要做的就是搞清楚它是用什么材料制作的。如果一张好看的桌子是用种植园里的树木或者回收的木材做的，就意味着可以买。如果它是由硬木制成的，例如源自濒危森林的柚木或红木，那就要说不。你可以帮助保护那些古树存活下去。

● 查看木制品(不仅是家具，还有纸制品)是否都带有"FSC"(森林管理委员会)标签。森林管理委员会保证带有标签的产品来自可持续森林。许多知名的大型家具公司，现在都从这些森林中获取木材。

● 不要购买那些看起来古旧的家具，去购买真正的古董，因为购买二手物品可以防止砍伐树木来制造新家具。

● 请勿丢弃有用的家具，因为其他人可能会接手继续使用。将其送到慈善商店甚至拍卖行就可以了。

客 观 事 实

像红木和柚木这样的硬木非常珍贵，可能需要500年或更长的时间才能长成。出售这种木材可以获得丰厚的利润，因此常常有人偷伐树木，即使在受保护的森林中也不例外。

为了寻找这些珍贵的树木，每天都有足球场大小的森林遭到砍伐或毁坏。被砍伐的森林可能永远也无法恢复了。

第42条　不要痴迷于小物件

新的小物件和玩具很好玩……好吧，一开始是这样。但是它们真的有用吗？

制作一个电子表格，一一列出你家未使用过的小物件。让你的家人坐下来，回忆一下他们最后一次使用它们的时间。

小物件	最后一次使用的时间
三明治烤面包机	
电动切肉刀	
足部或面部水疗仪	
地板抛光机	
鼓风机	
榨汁机	
插入式烤架	
慢炖锅	
电子玩具	
电子健身器材	

用电子表格来确定哪些小物件已经不再被你的家人使用。不要把它们扔掉，带到旧货集市、慈善商店去，或者在网上卖掉。如果别人可以接着使用你的东西，你也不希望他们去买一个新的吧。

最后，让你的家人承诺，在购买那些可能最终会被闲置的小物件之前，仔细考虑一下。

第43条　使用节能家电

如果你的父母准备出发购买新家电，一定要和他们一起去，因为你有一件重要的事情要做。

确保他们选择节能电器。例如，与低效能电器相比，使用欧盟A++等级的冰箱，每年可减少80—120千克的碳排放。

在商店购买节能电器之前，你应该了解有关电器如何节能的具体信息。请注意电器上是否有节能标志或详细说明能耗的标签。

如果没找到，可以询问店员是否能提供这些信息，如果没有得到回答，就不买。

第44条 有效使用电器

始终确保你家中的任何电器不仅节能,而且被你的家人有效地使用。例如,你家冰箱的耗电量可能会占你家总用电量的20%。

查看冰箱,并填写下面这份调查问卷:

冰箱调查问卷

	是	否
我们的冰箱温度设置正确吗?是否和说明书上规定的一致?	☐	☐
我们的冰箱里的存货充足吗?(你知道半满的冰箱或者冰柜比全满的更耗能吗?)	☐	☐
冰箱是否放置在合适的位置?(如果放置在散热器或烤箱旁边,会消耗更多能量。)	☐	☐
冰箱是否定期除霜?(如果没有,冷柜门就可能关不严,而这意味着冰箱无法有效工作。)	☐	☐

如果你家买了台新冰箱或冰柜,请务必确保妥善处理旧冰箱。

如果冰箱没什么问题的话,看看是否有人想要。

氯氟碳化物(CFCs)是用于制冷、空调设备及气溶胶喷雾剂等产品的化合物。当它们进入空气时,会破坏臭氧(见下文)。从冰箱中去除它们需要专业设备。如果你的冰箱确实超出了使用年限,最好把它送到当地的垃圾回收中心,或者由专门的机构收走,以便可以妥善处理。

臭 氧 层

臭氧是氧的一种形式。臭氧层是指大气中臭氧集中的层次,一般指高度在10—50千米的大气层。它有助于保护我们的地球免受来自太阳的更多有害射线的伤害,尤其是免受可导致皮肤癌的紫外线(UV)的辐射。

每次即使只有少量的臭氧层消失,也会导致更多来自太阳的紫外线到达地球。这样,就可能通过温度上升来改变地球的气候。

第45条 过一个环保的圣诞节

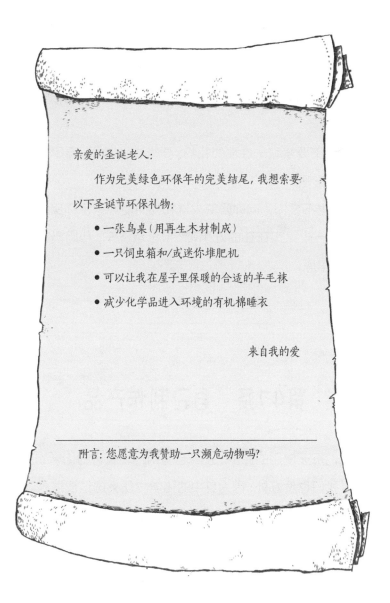

亲爱的圣诞老人:

作为完美绿色环保年的完美结尾, 我想索要
以下圣诞节环保礼物:

- 一张鸟桌(用再生木材制成)

- 一只饲虫箱和/或迷你堆肥机

- 可以让我在屋子里保暖的合适的羊毛袜

- 减少化学品进入环境的有机棉睡衣

来自我的爱

附言: 您愿意为我赞助一只濒危动物吗?

第46条　送环保礼物

在圣诞节和生日时抵制索要大量礼物的诱惑。扪心自问，对于去年别人给你买的礼物，你真正喜欢的有多少？至少有一些礼物你很可能已经忘得一干二净，有些损坏了，有些你觉得不好玩了。

今年不要索取一次性的礼物。要求去动物园、看足球比赛或者看电影吧！

哦，也不要因为向你爱的人送礼物而使你绿色环保的光环暗淡。做一些实实在在的好事吧：帮爸爸洗车、帮奶奶打扫花园、清理车库。

第47条　自己制作产品

我们每天使用的许多产品都含有对环境有害的化学物质。有些对我们也没好处，因为其中的化学物质会透过皮肤被我们的身体吸收。这些化学物质最终还会进入我们的供水系统，进入我们的食物链，所以最终都会被我们喝进去、吃进去。

　　为什么不使用天然原料自己制作产品呢? 以护发素为例,你可以购买环保品牌,或者使用下面的配方自己制作。只有在真正需要的时候才清洗保养头发。

　　洗头时,请尝试使用少量的洗发水和护发素,这样对你的头发和环境都会更好。

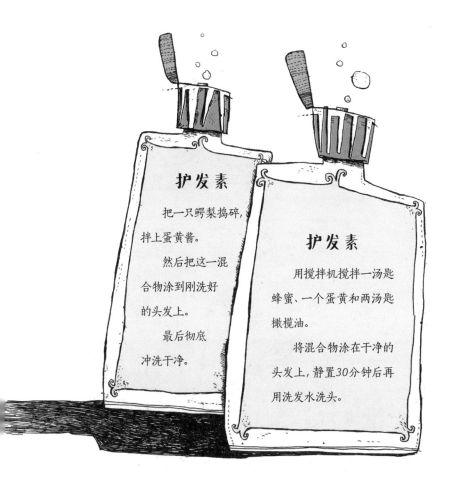

护发素

把一只鳄梨捣碎,拌上蛋黄酱。

然后把这一混合物涂到刚洗好的头发上。

最后彻底冲洗干净。

护发素

用搅拌机搅拌一汤匙蜂蜜、一个蛋黄和两汤匙橄榄油。

将混合物涂在干净的头发上,静置30分钟后再用洗发水洗头。

第四章

减少、再利用，
修理、再利用

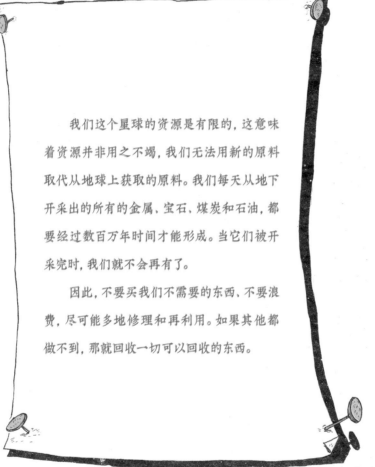

　　我们这个星球的资源是有限的,这意味着资源并非用之不竭,我们无法用新的原料取代从地球上获取的原料。我们每天从地下开采出的所有的金属、宝石、煤炭和石油,都要经过数百万年时间才能形成。当它们被开采完时,我们就不会再有了。

　　因此,不要买我们不需要的东西、不要浪费,尽可能多地修理和再利用。如果其他都做不到,那就回收一切可以回收的东西。

第48条 记清洁工日记

是时候仔细看看你家扔的垃圾了……这是一份臭烘烘的活儿, 但是总得有人干。检查你家的垃圾箱, 并开始记清洁工日记, 记录以下几点:

清洁工日记

本周我们扔掉了_____袋垃圾。

以下物品可以回收:

_____

以下物品可以重复利用:

_____

以下物品可以放在堆肥上:

_____

以下物品一开始就不应该买:

_____

第49条　记物品腐烂时间的日记

为了确保人们了解垃圾填埋场中的垃圾需要多长时间才能降解,请进行以下实验。找一块允许你挖掘的土地。挖一个洞,把下面这些准备扔掉的东西的部分或者全部埋进去:

● 苹果 ● 香蕉 ● 蛋壳 ● 茶包

● 旧鞋 ● 羊毛帽子或手套 ● 报纸广告

● 卫生纸卷筒 ● 锡罐 ● 薯片包装袋 ● 塑料瓶 ● 塑料购物袋

定期回访你的实验地点。翻开物品,注意两次访问之间发生了什么变化。记下每样东西分解所需的时间。

看看以下令人沮丧的关于腐烂的数据:

● 一张纸要2—5个月才能腐烂。

● 橘皮要6个月才能腐烂。

● 牛奶纸箱需要5年才能腐烂。

● 锡罐需要100年才能腐烂。

● 铝罐需要200—500年才能腐烂。

● 塑料瓶盖需要450年才能腐烂。

● 塑料袋需要500—1000年才能腐烂。

● 聚苯乙烯杯可能永远不会腐烂!

第50条　回收玻璃瓶和铝罐

世界各地的巨型熔炉每天可以生产100多万个玻璃瓶和铝罐。想想我们的星球上有多少这样的容器被丢弃吧！回收家中所有的玻璃瓶和罐子至关重要。

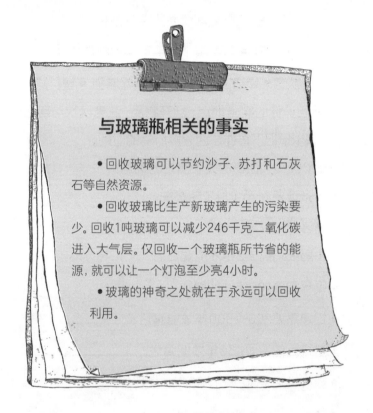

与玻璃瓶相关的事实

- 回收玻璃可以节约沙子、苏打和石灰石等自然资源。
- 回收玻璃比生产新玻璃产生的污染要少。回收1吨玻璃可以减少246千克二氧化碳进入大气层。仅回收一个玻璃瓶所节省的能源，就可以让一个灯泡至少亮4小时。
- 玻璃的神奇之处就在于永远可以回收利用。

在将瓶瓶罐罐放入回收柜之前，记得先冲洗一下，取下所有瓶盖，然后再放进回收柜中。

第51条　拒绝罐头

　　每年,仅在美国就有约400亿个铝罐被丢弃在垃圾填埋场。这些罐子需要几千年才能分解。由你来采取行动回收它们吧。

我们面临的危险不是地球表面的高楼大厦,而是地下的垃圾塔堆!

● 你真的需要那些碳酸饮料吗？答案是不需要。请改用可重复使用、可重复充装的水瓶。

● 购买非罐装的新鲜水果和蔬菜。不要让你的家人在橱柜里储存水果罐头和汤。这些东西经常会被遗忘，并最终被丢弃。

第52条　没人要六罐装

当你购买罐装饮料时，它们是否会用塑料支架捆绑在一起？有可以打开它们的拉环吗？如果有的话，请在解开前将六罐装的支架切断，将拉环与罐子完全分开，将空罐在丢入垃圾箱之前压扁。鸟类和其他一些小动物经常会被六罐饮料装的支架困住或勒死。

第53条　设计回收系统

前往当地的垃圾回收中心，列出丢弃物和可回收物的清单。在大多数国家，可回收材料包括玻璃、罐头、塑料、纸张和纸板。在某些地区，甚至鼓励回收衣服和鞋子。

为你家量身定制一个回收系统：

● 找出你所在地区哪些材料是可以回收的。检查一下，是需要上门收集，还是需要把它们送到回收点。

● 列出你家从现在开始必须回收的所有物品清单。确保每个人都读过，然后把清单贴在你家的垃圾箱附近。

● 一些地方当局为不同类别的可回收物品提供特殊的回收箱和袋子。如果当地政府没有这么做，你可以为每一类物品选择贴有标签的盒子。再次强调，确保每个人都知道什么垃圾应该放在什么地方。

● 仔细监督你家的回收工作。

第54条 交换商店

　　你上一次清理不想要的玩具、书籍、电脑光盘等是什么时候？在购买新产品之前，请确保旧产品已被回收。除非坏得无法修理，否则请不要把它们扔进垃圾箱。将它们送去慈善义卖、送给慈善商店，或者为什么不把它们放到网上、旧货集市卖了赚点儿钱呢？

　　你还可以从图书馆借光盘和书籍，或把你和你的伙伴不再想要的东西进行交换。别人不想要的物品很可能是你的幸运之选呢！

第55条 纸张的重复使用和回收

你知道我们丢弃最多的是什么吗? 答案是纸和卡片。平均每人每年使用和丢弃的纸张约55千克。

这太过分了, 因为重复使用和回收纸张是我们所有人轻而易举都可以做到的事,并且有立竿见影的效果。不仅如此, 生产再生纸而不是砍伐树木制造新纸, 可以减少68%的能源和大约一半的水。

以下是减少家庭用纸量的方法:

●务必使用一张纸的两面,并使用小纸片作购物清单。

●让你的家人使用黑板彼此留言,而不是用便利贴。

●纸张始终双面打印。在电脑的打印机旁边放一个空盒子,收集以前打印出的纸张以供再次使用。

●尽可能多地从旧货集市或二手店购买书籍。

● 与你的朋友分享书籍和杂志。

● 尽量购买用再生纸制成的东西，例如厕纸、厨房用纸、信纸、包装纸和记事本。

● 把废纸、废弃的厨房毛巾撕碎，将它们添加到堆肥箱中。

● 每一张不能重复使用或用于堆肥的纸张，都必须放入回收箱。在美国，每吨报纸和其他再生纸可以节省很多树木及足够美国普通家庭使用6个月的能源。

第56条 垃圾邮件产生的垃圾

垃圾邮件是指那些想做你的生意，而你没有要求他们联系你的公司寄来的邮件。对于必须处理垃圾邮件的人们来说，这个问题太令人头痛了。大多数垃圾邮件甚至没人看就被扔了。

● 注册"邮件优先项服务"，选择不接收垃圾邮件。或者，联系邮政服务部门，要求只接收寄给你家庭成员的邮件。

● 填写表格或订购物品时，请留意为你提供促销信息或其他来源的邮件的邮箱。如果你不想要，一定要让他们知道。

● 确保你家中的每个人都选择通过电子邮件或短信接收信息，而不是邮寄。

● 在门上贴一张如下图所示的大纸条，给那些往你的信箱散发传单和广告的讨厌鬼看。

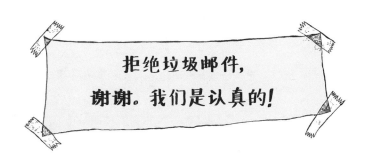

拒绝垃圾邮件，
谢谢。我们是认真的！

第57条 停止使用贺卡

收到来自远方的家人和朋友的贺卡固然很好,但是我们真的需要那么多生日和圣诞节贺卡吗? 为了制作圣诞卡, 每年有成千上万棵树被砍倒。而圣诞节过后, 数十亿张贺卡就被丢进了垃圾箱。

● 使用计算机设计贺卡, 并且不要打印出来, 用电子邮件发出去。这样既节省纸张, 又省去邮局用来运送贺卡所需的燃料, 还节省了你买邮票的钱。如果你觉得自己缺乏创意和灵感的话, 很多网站会提供现成的音乐和图片电子贺卡。

● 如果你真的想给家人或者班级同学一张贺卡, 建议拿出一张卡片, 让每个人都在上面签名。这样就可以避免使用大量贺卡和信封了。

第58条　自己制作圣诞装饰

在下个圣诞节, 不要让你的家人被在商店里看到的那些闪闪发光的塑料卡片和装饰品所吸引。它们大多都无法重复利用。因此, 自己动手做吧。使用你或者花园中的鸟类节后可以吃的东西做如何?

● 将爆米花和带壳的花生串在一起。

● 装饰圣诞树的面团、姜饼、橘子, 或者旧纸板包装, 都可以在圣诞节过后堆肥。

● 用冬青或常绿树枝装饰你的家, 不要用金属箔! 不要砍太多树枝, 以免损坏树木或者破坏当地野生动植物的栖息地。不要砍伐结了浆果的冬青树。浆果看起来不错, 但是我们不能吃, 而鸟类却可以吃。请关注槲寄生这样常用作圣诞节室内悬挂的野生植物, 因为有些物种现在已经濒临灭绝。节后, 把所有绿色植物都制成堆肥。

第59条　重复使用信封

小心打开信封，以免撕得太破。然后你可以用黏性标签盖住旧地址和邮票。下次你需要寄信时，请使用一只回收的信封。请在手边备一些胶带，以便重新密封。

哦，不要丢掉你由于兴奋而撕坏了的信封。收集一堆这样的信封，在角落上打一个洞，用缎带将它们串在一起做一个记事本吧。

第60条　回收鞋子

要不要试试把一只旧运动鞋放在堆肥堆上，看看分解需要多长时间……

……再三考虑，还是不要这样做。因为你可能会发现里面住着一群虫子，而且需要很长很长时间，才能看到鞋子腐烂。现在想想，每天有数百万双运动鞋和其他鞋子被丢弃在垃圾填埋场，而全球每年要生产230多亿双新鞋，你是不是应该尽可能回收利用你的鞋子呢？你甚至可以用它们来养花，变废为宝，将它们重新利用起来！

● 许多被扔掉的鞋子并没有什么大问题，一定要把和新的一样或没有磨损的鞋送给朋友、慈善商店或鞋子银行。为什么不让学校里的每个人收集不需要的鞋呢？在你将鞋子送到任何地方之前，把两只鞋绑在一起，这样它们就成对了。

放到鞋子银行里的鞋都怎么样了？

有些鞋被送到了国外，其他则通过像耐克于1993年推出的"旧鞋回收"计划那样被回收了。如今，每年有150多万双鞋被碾碎，成为建造跑道、运动场地和儿童游乐场的材料。

第61条　旧袋子才酷

塑料袋是我们这个星球上最大的污染物之一。据塑料海洋组织称，每年大约有5000亿个塑料袋被使用，但大多数只使用一次，而且只用几分钟。

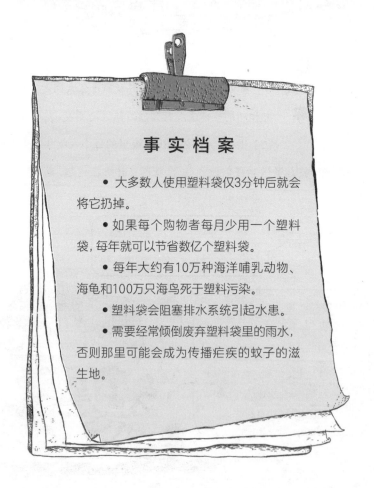

事 实 档 案

• 大多数人使用塑料袋仅3分钟后就会将它扔掉。

• 如果每个购物者每月少用一个塑料袋，每年就可以节省数亿个塑料袋。

• 每年大约有10万种海洋哺乳动物、海龟和100万只海鸟死于塑料污染。

• 塑料袋会阻塞排水系统引起水患。

• 需要经常倾倒废弃塑料袋里的雨水，否则那里可能会成为传播疟疾的蚊子的滋生地。

● 购买一些结实的袋子，可以每周带去超市。

● 为你的家庭购买一些"生活袋"（结实、可重复使用的塑料袋），并确保每个人去商店时都带着它们。

● 购买散装的水果和蔬菜，不要买用塑料薄膜包裹着放在聚苯乙烯托盘里的水果和蔬菜。然后确保你不会因为将它们放进塑料袋而前功尽弃，可以把它们直接装进购物篮。

● 如果你确实将塑料袋带回了家，请确保下次购物时可以重复使用。

用纸袋比用塑料袋要好很多。

实际上，制造一个纸袋所需要的能源是制造一个塑料袋的4倍多。

第62条 生 活 袋

2015年，英国出台了一项法律，规定所有商店都必须向顾客收取可重复使用的塑料袋的费用。结果效果显著，3年内，每人每年使用和丢弃的塑料袋数量从约140只下降至少于20只。某些国家则更进一步，全面禁止一次性塑料袋。

● 如果你生活在一个没有禁止使用塑料袋或引入收费机制的国家，为什么不写信给当地商店鼓励他们这么做呢？

● 无论你住在哪里，都可以将一件旧的、不想要的T恤剪掉袖子，剪深领口，剩下的布条就成了提手，然后沿着底部剪一条流苏，再将所有的布条都打个结，一只时髦的布制手提袋就改制成了。

第63条　用轮式包是个好主意

不要使用不必要的购物袋。

为什么不给家里买个每次购物都能带的轮式包呢? 开始引领潮流吧。

第64条　重装而不是丢弃

你是否知道垃圾堆里有1/3是旧包装吗?

许多公司正在开发由糖和其他碳水化合物制成的可分解塑料。这些材料被掩埋几个月内就会腐烂。不幸的是, 其生产成本要高得多。所以, 我们需要尽可能地避免包装。

● 注意那些装在可以重新灌装的容器里的产品。这意味着你可以一次又一次地使用同一个容器。

● 为什么不给家人买些旅行杯呢？这样他们就可以在咖啡店使用，而不是使用一次性杯子了。有些咖啡店为了感谢你，还会少收费呢!

● 请勿购买一次性塑料物品，例如塑料剃须刀、餐具等。它们最后都会被丢弃到垃圾填埋场。确保你购买的东西经久耐用。

● 如果你无法避免包装，请选择硬纸板而不是塑料。

第65条　回收你的手机

据估计，美国每天大约有35万部手机被丢弃。这些手机中只有一小部分被回收，其余的则被送进了填埋场，其中所含的金属（包括黄金和白银）被浪费了。它们还含有有毒物质，例如镉、汞、铅和砷，这些物质可能会渗漏到土壤里。哪怕摄入少量的铅，都会损坏我们的肾脏、肝脏、大脑、心脏、血液和神经，导致记忆丧失，并影响行为和生育。

● 如果你的手机还能用，那么请勿升级换代。

● 如果你真的想升级手机，请与回收机构联系，

他们可以重复使用或回收你的手机。或者，在网上找

一个可以回收你手机的网站，他们会寄钱给你。

● 为什么不在学校发起一项回收旧手机的计划呢？你会惊讶地发

现，在每个家庭的抽屉底部居然藏了那么多部手机。

你知道在大多数手机里发现的2克有毒的汞会污染数千升水吗?

第66条　更好的电池

大多数标准电池含有有害物质。如果它们最终进入垃圾填

埋场，有害物质可能会渗漏到土壤中。购买可充电的电池和充

电器，因为它们可以被反复使用。

第67条 回收电脑和墨盒

不要让你认识的任何人因为觉得电脑过时就扔掉。别人可能会很高兴拥有它。

如果你确实要丢弃电脑，请将其送到当地的垃圾回收中心，以便让它得到妥善处理。电脑中含有可能会渗漏到土壤中的危险的化学物质。

也不要忘记回收墨盒。墨水渗漏也会污染环境，且制成墨盒的塑料需要很多年才能分解。

上网找找那些回收打印机墨盒的慈善组织，从而使墨盒远离垃圾填埋场。他们筹集的资金可以用来帮助世界上最贫穷、最容易受伤害的人。

第68条 创造性地重复使用你的垃圾

以下是一些如何成为创意回收者的想法。

将空麦片盒用胶水粘在一起,制作一个文件归档盒。

在果酱罐上涂上珐琅颜料,晚上烧烤的时候,在里面放入茶灯,照亮整个花园。

把厕纸的纸筒芯切开,然后涂上色,一个餐巾环就做成了。

用颜料和纸屑装饰旧冰激凌桶,里面可以装从意大利面到钢笔的任何东西。

把旧光盘用绳子串起来,给你的卧室增添光彩。

装饰一些旧光盘盒,把它们变成相框。

第 五 章
停止污染地球

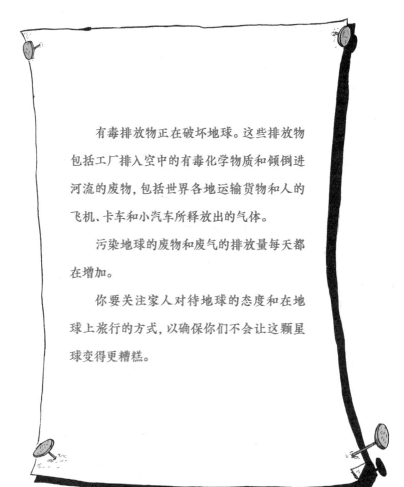

　　有毒排放物正在破坏地球。这些排放物包括工厂排入空中的有毒化学物质和倾倒进河流的废物，包括世界各地运输货物和人的飞机、卡车和小汽车所释放出的气体。

　　污染地球的废物和废气的排放量每天都在增加。

　　你要关注家人对待地球的态度和在地球上旅行的方式，以确保你们不会让这颗星球变得更糟糕。

第69条　拯救我们的滨海

我们的海洋正受到有害化学物质和污水的污染，这很危险。海洋动植物，甚至连在海边戏水的人都深受其害。

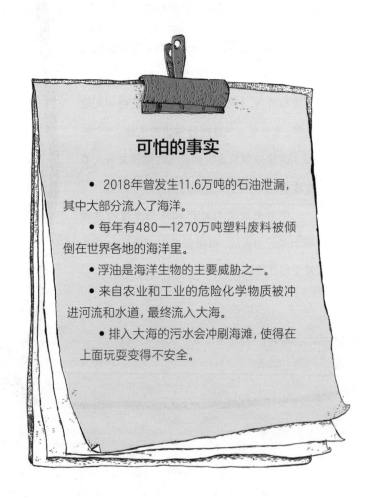

可怕的事实

• 2018年曾发生11.6万吨的石油泄漏，其中大部分流入了海洋。

• 每年有480—1270万吨塑料废料被倾倒在世界各地的海洋里。

• 浮油是海洋生物的主要威胁之一。

• 来自农业和工业的危险化学物质被冲进河流和水道，最终流入大海。

• 排入大海的污水会冲刷海滩，使得在上面玩耍变得不安全。

在维护海边安全方面发挥自己的作用：

● 确保不要在沙滩上留下任何垃圾，养成把垃圾带回家的好习惯。塑料袋和塑料包装这样的垃圾对海洋生物来说是一种威胁。如果它们被吹进海里，可能会被海洋生物误认为是食物。一旦误食，海洋生物可能会死亡。

● 如果你住在海边，请加入一个保护小组，一起清洁海滩。你们当地的图书馆里会有更多信息。

第70条 拯救我们的河流

如果你不住在海边，那就请帮助保护当地的河流、池塘和湖泊。我们的水路会被树枝和扔进去的垃圾堵塞。如果水不能自由流动，水质就会变差，并导致动植物死亡。

你会发现一些组织致力于维护你所在地区的小溪、湖泊和河流。参与其中不仅是保护环境的好方法，你还会遇到其他积极拯救地球的很酷的人。

第71条　拯救我们的学校

在学校设立俱乐部以保护当地的自然美景。如果附近没有明显的自然美景，例如河流、森林或海滩，为什么不选择保护你们学校的操场呢？

组织朋友们一起清理人们乱抛的垃圾。与学校的管理员讨论环保的杀虫和除草方法。

第72条　甲烷警报……请注意

羊和牛之类的动物打嗝、放屁也会产生甲烷。糟糕的是甲烷是一种温室气体（请参阅第7条）。

随着地球上人口的增长，需要更多的农耕动物来生产衣服和食物，这就意味着会产生更多的嗝和更多的屁，也意味着更多的甲烷，还意味着更多有害的温室气体。

●少吃肉。农场里牛、羊、猪和其他用于肉类生产的牲畜，不仅会产生大量甲烷和其他温室气体，还会占用全球的资源。肉类仅提供了农业生产18%的卡路里，却占用了世界上83%的农田。例如，一份100克的牛肉就可能会导致105千克的温室气体进入大气。

●少买新衣服，并尽可能选择用可循环利用的材料做成的衣服。这样就会节省电、水、染料和其他用于制作新衣服的资源。

第73条 减少酸雨

当发电站、工厂和汽车燃烧燃料时，温室气体就会散逸到空气中。其中一些气体与云中的水滴发生反应，形成二氧化硫和氮氧化物，这样就形成了酸雨。

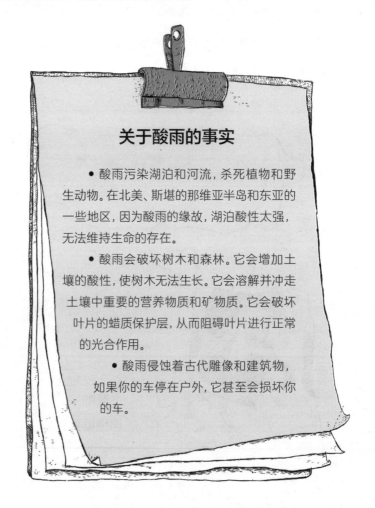

关于酸雨的事实

● 酸雨污染湖泊和河流，杀死植物和野生动物。在北美、斯堪的那维亚半岛和东亚的一些地区，因为酸雨的缘故，湖泊酸性太强，无法维持生命的存在。

● 酸雨会破坏树木和森林。它会增加土壤的酸性，使树木无法生长。它会溶解并冲走土壤中重要的营养物质和矿物质。它会破坏叶片的蜡质保护层，从而阻碍叶片进行正常的光合作用。

● 酸雨侵蚀着古代雕像和建筑物，如果你的车停在户外，它甚至会损坏你的车。

对于你来说，对付酸雨最好的方法就是采纳本书中有关节约燃料和能源的所有建议。

第74条 少 开 车

你知道吗？有不少人开车的路程都少于8千米？这意味着他们完全可以轻松地步行或者骑自行车。也许他们不知道，平均而言，汽车每消耗约4升汽油，就会向大气中排放约9千克二氧化碳。

避免不必要的旅行至关重要。说服你的家人尽可能将汽车留在家中。为什么不让他们挑战一下在没有车的情况下度过整个周末呢？

第75条 做共享好朋友

与所有住在你家附近、上同一所学校的朋友谈谈。你可以为上学组织拼车吗? 拼车意味着每个家庭轮流开一辆满载孩子的车去上学。 为什么不为你的"共享好朋友"制定轮班表呢?

拼车是节约能源和减少温室气体排放的好方法。说服你的父母与他们的同事拼车上下班吧。

第76条 了解你的家人

造成全球变暖的温室气体中有约15%是由运输产生的。因此, 是时候监督你家人的旅行习惯和交通决策了。

从你的家用车开始。注意你父母的驾驶习惯。他们开车平稳吗? 他们在停车等人超过30秒时会关掉引擎吗? 汽车后备厢里除了必需品外什么都没放吗? 所有良好的驾驶习惯都可以显著减少汽车的油耗。

　　你还必须提醒父母定期保养汽车的重要性。运转平稳的发动机排出的有害物质会更少。如果所有车主都定期保养车辆，数百万千克的二氧化碳将从大气中被消除。确保他们在车库就检查轮胎是否打足了气，因为轮胎充气不足会消耗更多的能源。确保他们检查汽车空调系统没有向空气中泄漏危险的化学物质。

　　让你的父母填写下面的问卷，看看他们在使用汽车方面有多环保。他们回答"是"的次数越多，就越需要改变自己的驾驶习惯。

	是	否

1. 你家是否有一辆每升汽油跑不了10千米的汽车?

2. 你家的车已经使用5年多了吗?

3. 你的家人是否经常开本可以不开车的短途?

4. 你家的司机是否会高速行驶,并在堵车时不耐烦地发动引擎?

5. 在你早晨抓起书包往车里塞的时候,你父母是否一直未熄火?

6. 你父母是否忘了定期保养汽车?

7. 你父母是否已经有一个多星期没检查胎压了?

8. 你家的汽车后备厢里是否装满了很多不必要的东西? 例如爸爸的高尔夫球杆、帆布躺椅、工具包什么的。

电动汽车更安静,而且在行驶时不会造成空气污染,因此越来越受欢迎。电动汽车还可以大大减少排放到大气中的温室气体。一辆纯电动汽车行驶16 000千米所产生的二氧化碳可以比普通汽油车少2吨。

第77条　慢点，你开得太快

一辆以极慢或极快的速度行驶的汽车比一辆以推荐速度行驶的汽车燃烧更多汽油，因为发动机以推荐速度行驶时的效率最高。因此，就靠你来阻止任何家庭成员慢吞吞地前行或者呼啸而去了！请坚持按照推荐的速度行驶。

若你们家能坚持以推荐速度行驶，每年将大大减少碳排放。

说到底，急什么呢？

第78条　洗　　车

不要让父母把汽车送到自动洗车场去清洗。那里只会消耗大量的水、电和化学物质，而这是你可以用一只水桶和一块海绵就完成的事。

也许人工洗车可以作为一种惩罚，惩罚一下本书所描述的破坏生态的家庭成员。

第79条　骑上你的自行车

骑自行车确实是一种环保的出行方式。除了用于制造和处置它们时所需的资源，自行车几乎不会破坏地球环境。哦，骑车还是做大量运动的好方法。

如果你没有自行车，请询问周围是否有人因为长大了，以前的自行车不再适合他们了，或去旧货集市、二手物品交易网看看。在骑车前，找个懂行的朋友检查一下你的自行车是否存在安全隐患。

实用的提示

● 始终佩戴头盔，穿合适的衣服。在晚上或者阴天时，务必使用自行车灯，穿上反光衣。

● 学习交通法规，了解非机动车通行规定。

● 切勿在路上骑车时听音乐。

● 不要在人行道上骑车，始终遵守交通信号灯和标志的规范要求。

你知道以合理的速度骑自行车时，每小时将消耗燃烧400卡路里吗？而开车1小时只消耗58卡路里。

第80条 最好大步走路

步行是一种100%经济、环保且清洁的出行方式。只要有可能，就步行去学校或当地的商店。让步行而不是开车成为你的习惯。

如果你的父母需要进一步劝说才能被说服，提醒他们：步行的话，他们就不需要花10分钟去找停车位或付费泊车了。

下图比较了每位乘客每天乘坐小汽车、小型公共汽车、火车或步行10千米的情况下，每年会产生多少千克的二氧化碳。

小汽车
378千克

公共汽车
248千克

火车
51千克

步行
0千克

第81条 继续跟踪

铁路是最环保的大众运输方式。以每人每千米计算，坐火车旅行产生的二氧化碳还不到开车的1/6。下次，你的家人计划度假或者郊游的时候，你来负责安排行程，并研究一下如何坐火车返往。

第82条 让飞机着陆

随着航空旅行变得越来越便宜和方便，满天飞的航班的数量也在不断增加。这里有一个令人惊讶的事实：每时每刻，空中都有9700多架飞机搭载127万人在飞行，加起来每年约有43亿人次乘飞机出行。当然，因为新冠疫情，这个数字已大幅削减。

下次当你听到头顶上有飞机声时，抬头看看，是否能看到它在空中留下了一条绵延白线。这些白线实际上是空气凝结后形成的尾迹（或"轨迹"）。当喷气发动机中产生的湿热空气与大气中较冷的空气混合时，它们就会形成。

尾迹看起来可能是白色的，但你应该将其视为在高空飞行的飞机留下的"喷射印记"。

这种尾迹可以散开并形成喷射状的卷云。卷云不像低空云（厚且遮挡阳光），它让阳光穿过，却阻挡了来自地球的热量。简而言之，尾迹正在加剧我们的星球变暖，这是很危险的。

有关飞机的事实

- 喷气式客机消耗的能量和排放的二氧化碳，几乎相当于飞机上的每位乘客都开着自己的汽车进行同样的旅程。
- 飞机起降耗费大量燃料，所以短途飞行与长途飞行一样具有破坏性。

- 与家人商量能不坐飞机就不坐飞机。出国旅行固然好，但是对于被污染的大气来说却不好。如果你的家人正在做今年的度假计划，为什么不提议在国内度假呢？你们可以去露营、骑山地自行车、爬山、划独木舟、骑马或者待在农场。

第83条　肮脏的足迹

我们每次做了导致温室气体排放的事情, 例如把二氧化碳释放到大气中, 我们都在使世界变得更肮脏、污染更严重。我们在地球上到处留下了肮脏的"碳足迹"。下面就来看看什么是碳足迹。

碳　足　迹

碳足迹是衡量人类活动对地球造成的破坏性影响的指标, 即这些活动所产生的温室气体排放量。温室气体通常以二氧化碳为计量单位。

你家的二氧化碳排放量
取决于你们看电视、取暖、玩
电子游戏的时间,开车旅行、
乘坐飞机的次数,以及购买物
品的数量和你没回收利用的
物品的数量。

你的生态足迹就是能养活你的土地的数量。这
不仅包括种植你吃的所有食物所需的土地,还包括
生产你买的东西所需的原料,以及掩埋你的垃圾所
需的空间。平均每人每年的生态足迹是2.9公顷土
地。这比实际情况大了35%以上。为了让这个星球拥
有足够的让所有人都生活得更好的空间,我们所有人
今后都需减少一些贪婪的行为。在某些国家,许多人
所得到的已经超过了他们应得的。

● 计算你家的碳足迹，这样才能真正让你的家人明白节约能源有多重要。

为你打算在一年内减少多少碳足迹设定一个目标。

有些网站可以帮助你计算你的碳足迹。

你会被问到一些问题，例如你家中有多少口人、你的出行方式和你家年度能源费用是多少。在使用计算器之前，请收集好这些信息。

第84条　调查碳中和

若要让我们的星球生生不息，我们所有人都要努力减少或平衡排放到大气中的温室气体的数量。其中有一种方法叫作"碳中和"。

碳　中　和

碳中和是人们和企业用来抵消其活动所产生的温室气体排放的一种方法。他们付费给一些组织，让他们把温室气体从大气层中去除，或者在世界其他地区减少温室气体排放。碳中和减少了温室气体排放的影响，旨在应对全球变暖。

碳中和组织以不同的方式抵消温室气体。有些组织用你给他们的钱去种树，以吸收二氧化碳并"呼出"氧气。其他组织将把你给他们的钱投入到研究和生产开发可再生能源的方法上。

把在网上调查碳中和组织当作你的工作，并鼓励你的家人抵消排放。但是请记住，首先要减少碳排放，这永远比抵消更重要。

第85条　抵消你自己的碳排放

如何抵消一些你自己对地球的影响? 这并不像你想的那么容易。例如, 如果你今天早上开车去上学, 那么怎样抵消开车产生的碳排放呢? 你可从建议相反的抵消选项中进行选择。

今天开车去学校。

抵消建议

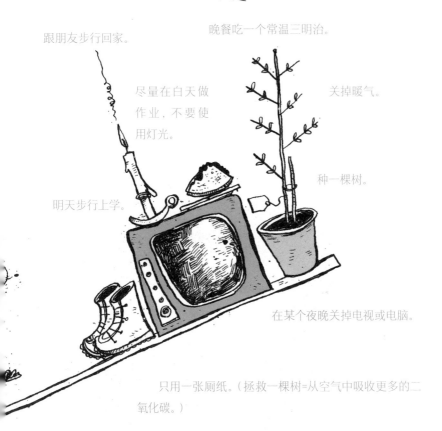

其中有些选项有点傻，但其理念就是让你的碳生活平衡。所以，如果你今天想洗个热水澡，那在本周其余时间里简单淋浴一下就可以了；如果你发现前一天整晚忘了关一盏灯，那第二天就穿厚一些，而不要打开暖气；如果你今天买了新物品，确保明天回收利用一些旧物品。

第 六 章

拯救所有物种

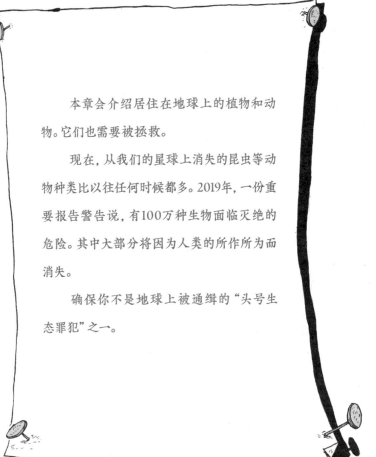

　　本章会介绍居住在地球上的植物和动物。它们也需要被拯救。

　　现在，从我们的星球上消失的昆虫等动物种类比以往任何时候都多。2019年，一份重要报告警告说，有100万种生物面临灭绝的危险。其中大部分将因为人类的所作所为而消失。

　　确保你不是地球上被通缉的"头号生态罪犯"之一。

第86条 别在旅途中制造麻烦

某些类型的旅游正在损害我们的星球。想象你发现了一个人迹罕至的地方，那里有美丽的沙滩、奇妙的鱼，还有满是鸟类和昆虫等动物的森林。当你回到家后，把这个地方告诉了所有朋友，于是他们也决定去那里参观。

以下是在你分享了这个秘密后的5年内，可能会产生的一些涉及环境方面的后果：

第一年：海滩上到处都是营地，房地产开发商还计划建造一家大型酒店。

第二年：为了给高尔夫球场和网球场腾出地方，大部分森林被砍伐。

第三年：当酒店客满时，当地就没有足够的食物给人们吃了。许多产品将不得不耗费大量的燃料从别处运来。

第四年：每天往返岛上的船只干扰了鱼类、污染了水域，当地珊瑚礁也被游船和粗心的潜水员破坏了。

第五年: 酒店产生了大量的垃圾和污水, 其中有些被运走, 有些则被焚烧或掩埋在岛上, 甚至被倾倒入海里……

……哎呀!

因此, 你应该明白你可能要考虑如何避免去那些充满异国情调、未受污染的地方度假, 因为这些地方不仅对你的家人来说价格昂贵, 对这个星球来说也是。

第87条　赞助一片雨林

你是否想知道一个非常非常可怕的事实? 如果没有了雨林, 这个星球上的所有生命都可能变得不可持续。由于乱砍滥伐, 雨林正在以惊人的速度被毁, 每分钟被毁掉的面积大约相当于30个足球场。

地球上约有一半的雨林已经永远消失了, 按照这种速度, 到2070年雨林可能就将彻底消失。

让你认识的每个人都赞助一片雨林。去网上查看那些试图保护雨林的组织。如果你的朋友问为什么要参与, 请让他们看看下一页的事实。

关于雨林的事实

- 热带雨林有助于产生和循环地球上的生物所呼吸的大部分氧气。

- 热带雨林吸收了大量二氧化碳，稳定了全球气候。

- 在人类产生的温室气体中，约10%来自人类对热带森林的焚烧。

- 雨林通过控制降雨和土壤中水分的蒸发来影响气候。

- 雨林覆盖了地球表面不到3%的面积，却是世界上2/3已知植物物种和50多万种不同生物物种的家园。

- 有些国家超过1/3的药物成分来自雨林植物。例如，马达加斯加的玫瑰色长春花用于治疗儿童白血病。如果雨林遭到破坏，这些原料将会消失。

第88条 不要采摘野生植物

许多野花等植物已经消失或者有消失的危险。造成这种情况的主要原因之一是为农业让路而清除林地、树篱和森林。然而,采摘野花也是一个大问题。从兰花到苔藓,许多植物现在都受到保护,因为过去人们采摘了太多,它们的数量已经大大减少。

外出散步时不要随意采摘野生植物,告诉你的家人也不要这么做。

第89条 当心旅游纪念品

旅游纪念品正威胁着一些最濒危的动植物。目前有约5800种动物和30 000种植物受到贸易协定的保护,并受到严格控制。

因此,在购买纪念品之前请三思而行。更重要的是,如果你购买某些纪念品,可能会触犯法律。

禁止自己购买的纪念品清单

- 仙人掌
- 由濒危硬木（如桃花心木或巴西花梨木）制成的物品。
- 珊瑚、象牙或龟甲（通常制成首饰）。
- 鳄鱼皮、蛇皮或蜥蜴皮（包括鞋子、皮带和表带）。
- 兰花等植物（这些植物可能很稀有，且很可能不适合在你居住的地方生长）。
- 豹皮、虎皮或海豹皮（有时制成钥匙圈或钱包）。
- 鸟、昆虫等动物活体。
- 海贝壳（巨大的蛤蜊壳和海螺肯定不可以，不过所有类型的贝壳最好都留在海里）。

第90条　不要买皮草

如果你想购买看起来毛茸茸的东西，请检查一下它是不是人造的。包括猫和狗在内的许多动物的皮毛，目前都被制成了毛绒球、毛皮衬里的靴子、毛皮镶边外套和手套，以及毛绒动物等玩具。

还要注意标签可能会误导人。那些被称为"仿制品"的皮草制品，可能根本不是仿造的。不要碰运气，也不要买。

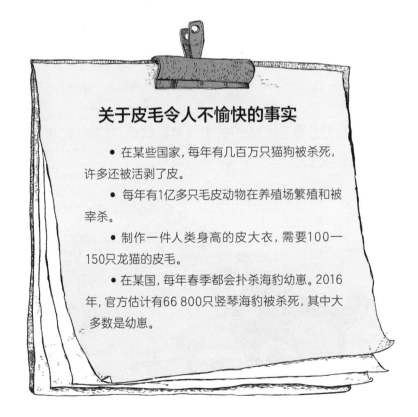

关于皮毛令人不愉快的事实

• 在某些国家，每年有几百万只猫狗被杀死，许多还被活剥了皮。

• 每年有1亿多只毛皮动物在养殖场繁殖和被宰杀。

• 制作一件人类身高的皮大衣，需要100—150只龙猫的皮毛。

• 在某国，每年春季都会扑杀海豹幼崽。2016年，官方估计有66 800只竖琴海豹被杀死，其中大多数是幼崽。

第91条 领养动物

我们最喜欢的一些动物正因为我们而处于濒临灭绝的危险中。人们捕杀珍稀动物是为了获取它们的皮、牙和角，甚至是为了运动……这是不是非常残忍？野生动物组织正在尽其所能来保护这些动物，但它们也需要你的帮助。

● 每月只花一小笔钱，你就可以帮助拯救大熊猫、大猩猩、大象或犀牛，你甚至不必亲自去喂养或清洗它们！如果你自己负担不起，问问你是否可以领养一只动物作为生日礼物或圣诞礼物。

一旦你选择了你的动物，并支付捐款，你应该会获得一份领养证书和有关你领养动物的所有信息。

第92条　去动物园

　　动物园和野生动物园致力于拯救濒危物种, 你购买门票的费用将有助于保证这些动物的安全和喂养。

　　尽可能去当地动物园或野生动物园参观, 以实际行动来表示你对它们的支持。了解那里是怎么照顾动物, 动物又是怎么繁殖的。记住, 这些动物不单单是供你观赏的。有些濒危动物之所以在那里, 是因为我们摧毁了他们的家园和栖息地, 并猎杀了其他濒临灭绝的动物。没有你的帮助, 许多我们最喜欢的动物将在地球上消失。

第93条　与钓鱼的人交涉

许多水鸟和其他一些动物的死亡是因为吞食了带有食物的含铅钓钩。铅的毒性很大，在一些国家被禁止用来捕鱼。然而，河流中的哺乳动物和鸟类也处于被随意丢弃的鱼钩和尼龙钓鱼线伤害的危险中，这些都可能导致生物痛苦地死亡。

如果你或你认识的任何人喜欢钓鱼，请确保你和他们都尊重水禽和其他脆弱的野生动物。

第94条　注意金枪鱼

渔民很早就知道金枪鱼喜欢在成群的海豚下面游。由于海豚更容易被发现，因此渔民经常在海豚周围撒网，以捕捉在下面游动的金枪鱼。

据称，每年有30多万头鲸和海豚因被渔网缠住而被杀。

如今,海豚仍会被渔网捕获。好在1990年,"海豚安全"标签被引入金枪鱼罐头,保证在捕金枪鱼的过程中,不会伤害海豚。所以,检查你购买的金枪鱼罐头上的标签,如果看不到"海豚安全"的字样,就将其放回超市货架上。

第95条 不要与海豚一起游泳

许多旅游景点都会为游客提供和海豚一起游泳的机会。这听起来是一件神奇的事情,也是对这些神奇生物别具一格的颂扬。

但不幸的是,与游客一起游泳的海豚往往最初住在海里,后来被人为地驱赶到新的环境中,以便让人们更容易接近。于是,一些弱小的海豚无法在新的环境中存活,这对海豚是不公平的。

第96条　给鱼一线生机

在过去50年中, 商业捕捞技术的迅猛发展对海洋中鱼类的数量产生了毁灭性的影响, 原因如下:

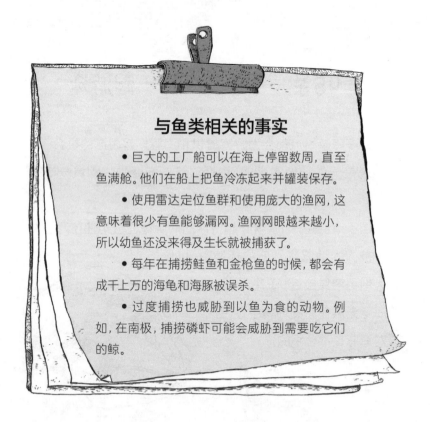

与鱼类相关的事实

● 巨大的工厂船可以在海上停留数周, 直至鱼满舱。他们在船上把鱼冷冻起来并罐装保存。

● 使用雷达定位鱼群和使用庞大的渔网, 这意味着很少有鱼能够漏网。渔网网眼越来越小, 所以幼鱼还没来得及生长就被捕获了。

● 每年在捕捞鲑鱼和金枪鱼的时候, 都会有成千上万的海龟和海豚被误杀。

● 过度捕捞也威胁到以鱼为食的动物。例如, 在南极, 捕捞磷虾可能会威胁到需要吃它们的鲸。

拜托你

● 注意哪些鱼类受到了威胁, 确保你的家人不会买这些鱼作为晚餐。需求越少, 被捕捞的鱼就会越少。

第97条　拯救鲸

　　蓝鲸是现存最大的动物。在20世纪，一些种类的鲸，如蓝鲸和座头鲸，被捕捞得几乎濒临灭绝。

　　世界各国的政府终于进行了干预，自1986年以来，商业捕鲸已被禁止，于是鲸的数量开始缓慢恢复。但可悲的是，有些国家又开始捕鲸了。

拜托你

●为什么不让你的父母组织一次全家旅行去看鲸呢？赏鲸通常会得到野生生物和生态组织的支持。向海岸有鲸的国家证明，旅游业可以比捕鲸筹集到更多的资金。

第 七 章
大声疾呼

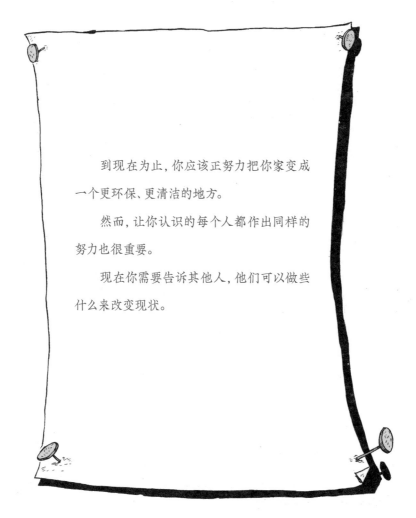

到现在为止,你应该正努力把你家变成一个更环保、更清洁的地方。

然而,让你认识的每个人都作出同样的努力也很重要。

现在你需要告诉其他人,他们可以做些什么来改变现状。

第98条　团结一些生态卫士

口口相传是改变世界最好的方法。把你了解到的节能和循环利用知识讲给学校里的每个人听。与大家讨论在学校里能够减少浪费、回收物品、保护环境的方式。

为什么不成立一个环保俱乐部，定期发布时事通讯，告诉人们你们正在从事的绿色环保项目呢？

在自己的网站或社交媒体页面上，与大家分享环保的想法。

第99条 越大越好

拯救地球对于一个人来说工作量太大。你可将这本书分送给所有朋友和家人看。或者,让他们坐下来,听你谈谈在这本书中读到的信息,讨论一下能做些什么来帮助这颗星球。让他们一起进行宣传。你们在一起可以创造更大的不同。

第100条 结交世界各地的朋友

地球上有超过76亿人,所以可以结交很多新朋友,并说服他们加入你的绿色环保事业中。让我们去面对这份事业,我们的星球需要所有能够面对这份事业的朋友。

看看你的学校能否与世界上其他地方的某所学校联系。你可以给那里的学生发电子邮件,了解一下他们国家的生活现状,知道他们会做些什么来帮助地球?与他们交流彼此的想法和计划。记住,你们可以一起拯救世界。

第101条　在虚线上签名

剩下你要做的就是在下方的"我对地球的承诺"上签字，并把你在本书中读到的所有内容付诸实施。复制承诺书，让所有家庭成员都来阅读这本书并签名。

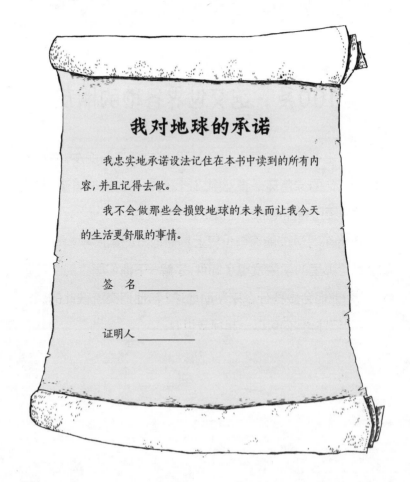

我对地球的承诺

我忠实地承诺设法记住在本书中读到的所有内容，并且记得去做。

我不会做那些会损毁地球的未来而让我今天的生活更舒服的事情。

签　名　＿＿＿＿＿＿＿＿

证明人　＿＿＿＿＿＿＿＿

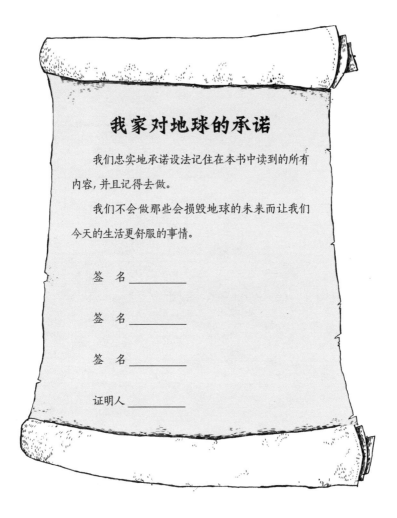

我家对地球的承诺

我们忠实地承诺设法记住在本书中读到的所有内容,并且记得去做。

我们不会做那些会损毁地球的未来而让我们今天的生活更舒服的事情。

签　名＿＿＿＿＿＿＿

签　名＿＿＿＿＿＿＿

签　名＿＿＿＿＿＿＿

证明人＿＿＿＿＿＿＿